"十三五"科学技术专著丛书

格密码的设计与安全证明技术

王凤和　著

北京邮电大学出版社
www.buptpress.com

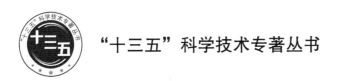

内 容 简 介

格密码是典型的后量子密码，能够实现量子环境下的安全性。格密码的设计与安全证明是格密码研究的重要一环，有利于拓展格密码的研究内涵，丰富格密码的设计工具。格密码设计的研究工作真正、快速的发展始于2005年。截至现在，格密码的设计研究不过才15年。据作者所知，格密码领域的专著很少，而专注格密码设计的专著更是少见。本书共6章，以格密码的设计为主线，从“可证明安全性”“效率提升”“功能实现”三个维度开展多项设计研究，介绍了格密码方案的设计原理与方法，这些方案是作者多年科研工作的成果，有较好的创新性和时效性。

本书可以帮助初学者尽快了解格密码设计的相关工具、方法，为格密码从业者、研究者提供很好的设计参考和备选密码方案。

图书在版编目(CIP)数据

格密码的设计与安全证明技术 / 王凤和著. -- 北京：北京邮电大学出版社，2020.5(2021.3 重印)
ISBN 978-7-5635-6007-3

Ⅰ. ①格⋯ Ⅱ. ①王⋯ Ⅲ. ①密码学 Ⅳ. ①TN918.1

中国版本图书馆 CIP 数据核字（2020）第 040437 号

策划编辑：刘纳新 姚 顺 **责任编辑**：刘春棠 **封面设计**：七星博纳

出版发行：北京邮电大学出版社
社 址：北京市海淀区西土城路 10 号
邮政编码：100876
发 行 部：电话：010-62282185 传真：010-62283578
E-mail: publish@bupt.edu.cn
经 销：各地新华书店
印 刷：北京九州迅驰传媒文化有限公司
开 本：787 mm×1 092 mm 1/16
印 张：9.25
字 数：170 千字
版 次：2020 年 5 月第 1 版
印 次：2021 年 3 月第 2 次印刷

ISBN 978-7-5635-6007-3 定价：38.00 元

前　言

随着量子技术的快速发展，人类对能够抵御量子攻击的密码方案的需求越来越迫切。格密码是典型的后量子密码，被公认为能够抵御量子攻击。不仅如此，格密码自身的许多特点也适应当下社会发展的需要，为当下信息安全与网络安全提供可能的解决方案。开展格密码的设计研究有利于丰富和完善格密码的研究内涵，加快格密码与现实需求的对接，推动格密码快速发展。

在格密码设计工作中，效率提升、功能实现与安全证明是其三大实现目标。其中安全证明是实现方案安全性的保障，是实现设计的必要条件。而方案的效率提升和密码功能的实现则体现设计创新，能够加快方案与现实需求的对接，推动格密码自身及应用的发展。本书以效率提升、功能实现和安全证明为实现目标，讨论了格上多种格密码方案的设计及安全证明。本书主要内容如下。

第 1 章是绪论部分，概括介绍了格密码研究的背景和意义，简要总结了格密码发展的历史脉络。

第 2 章介绍本书涉及的基础知识。首先介绍了格的相关理论、方法，进而以格密码的设计为目标，讨论了几种常见的格密码的设计工具及实现应用方案。

第 3 章讨论格上身份基数字签名的设计及安全证明。本章提出一个随机预言机模型下可证明安全的格基身份签名方案并完成其安全证明。为了实现标准模型下安全、高效的签名方案设计，提出一种公钥赋值的改进算法，将其与格基代理算法结合能够较大地提升方案的设计效率。作为该算法的应用，设计了一个标准模型下安全的数字签名方案，并实现其安全证明。以此为基础，将所设计的签名方案改进为一个身份基的签名方案并完成在标准模型下的安全证明。

第 4 章讨论格上特殊性质的数字签名的设计及安全证明。本章介绍了几类特殊性质的数字签名在格上的实现方案，如格基环签名、强指定验证者签名、可验证加密签名、线性同态签名、盲签名等。在实现这些特殊功能的同时，也尽力兼顾效率的提升，这往往需要将格的某些特征或结论巧妙地嵌入方案的设计，具有一定的技巧性。

第 5 章讨论格基公钥加密方案的设计及安全证明。利用第 3 章提出的公钥赋值算法，提出一个高效的、在选择密文攻击下安全的格基公钥加密方案。与已有方案比较，有效地缩减了方案的公钥尺寸，提高了加密效率。鉴于格密码庞大的公钥尺寸容易引起应用中效率的降低，尝试用混合加密技术提升格密码的实现效率。为此，提出了一个格基混合签密方案。该方案借助密钥封装机和数据封装机两个独立机制将公钥密码和对称加密的优势结合，“以有余补不足”，大大改善了格密码的实现效率。

第 6 章讨论格上身份基加密的设计及安全证明。将公钥赋值算法应用于格上身份基密码的设计，提出一个高效的分级身份基加密方案。基于标准模型，证明该方案在选择身份、选择消息攻击下是安全的。考虑到已有格上身份基加密方案在设计中多使用格基代理技术，而格维数的扩展导致效率大幅度降低，因此规避格基代理在格上身份基加密设计中的应用，有利于提升格上身份基密码的实现效率。为此，提出一种基于向量的数据编码方式，将该算法与格上原像抽样函数结合实现在同一格上 IBE 方案的设计。该方案实现在标准模型下的可证明安全性。与已有的格上 IBE 比较，大幅提升了空间效率和计算效率。

本书的出版得到国家自然科学基金 (NO. 61803228, 61303198) 和山东省高等学校科研计划项目 (J18KA361) 的大力支持，在此深表感谢。

受能力和时间所限，书中不足和疏漏之处在所难免，作者在此深表歉意，并欢迎读者批评指正。

符 号 说 明

$\mathbb{Z}$	整数环
$\mathbb{F}_2$	2 元域
$\alpha \sim D$	α 服从概率分布 D
$\mathbb{R}^n$	$\mathbb{R}$ 上的 n 维欧几里得向量空间
$\leftarrow$	赋值运算
$\operatorname{negl}(n)$	$\operatorname{negl}(n) = o(n^{-c})$ 又称 g 可忽略
$\mathbb{Z}^{n\times m}$	$\mathbb{Z}$ 上的 $n \times m$ 维矩阵
$\boldsymbol{A}$	矩阵
$\boldsymbol{A}\|\|\boldsymbol{B}$	矩阵级联
$\boldsymbol{c}$	向量
PPT	概率多项式时间
$\boldsymbol{B}^{\mathrm{T}}$	矩阵转置
$\|\cdot\|$	欧几里得范数
$\lfloor\cdot\rceil$	近取整运算
D_α	标准差为 α 的连续高斯分布
Span	线性空间

目　　录

第 1 章　绪　　论

1.1　背景与意义

信息化与网络化快速融合已成为当代社会的明显趋势和显著特征。“互联网 +”与“+ 互联网”正在对社会、军事、经济、生活的方方面面产生深远影响。网络化是一柄双刃剑，在享受网络化带来的生活便利、技术革新、效率提升等发展红利的同时，我们必须重视网络安全问题。当前，军事、政治、企业生产经营、居民生活等各个领域日益面临严峻的网络安全威胁。网络空间日益成为继陆、海、空、天之后的第五大主权领域空间，成为各国争夺的重要战略空间。网络安全已不仅是网络空间里的攻防，而是扩展到了国家安全、社会安全、基础设施安全、物理空间安全乃至人身安全层面。在经济民生领域，移动支付、电子交易等行为日益成为民众生活的主流方式。网络病毒、用户信息泄露、系统渗透等安全事件几乎每天都在发生，严重影响和危害着经济健康发展以及人民的人身、财产安全。保护网络安全已经迫在眉睫。

在网络安全的现实需求下，公钥密码能够为网络空间提供保密之钥、信任链之锚，为网络安全提供核心技术支撑。不过，传统型公钥正日益遭受量子威胁。早在 1997 年，Shor 证明 [1] 在量子攻击下，大整数素分解及离散对数等问题都将在多项式时间内解决，这导致当前主流的基于数论的公钥密码学在未来将无法提供量子安全保障。随着量子技术的不断进步，人类距离量子时代的大门似乎越来越近了。例如 2019 年，我国学者首次实现了 20 个量子比特全态纠缠的量子芯片 [2]。

开展抵抗量子攻击的密码设计，未雨绸缪，已迫在眉睫。这是因为密码技术对信息的保护往往需要前滞性。例如：

(1) 用户今天生成了数字签名，在量子计算机产生后可能仍然需要保证安全。

(2) 量子计算机真正产生后，生产者未必会及时向全世界公布该消息。用户在不知情的状况下如果不提前使用具有后量子安全特点的密码技术，将遭遇重大安全威胁。

鉴于此，学术界呼吁及早开始后量子密码的研究工作 [3]。幸运的是，尽管基于离散对数、大整数素分解问题的密码体制在量子攻击下无法保证安全，业内普遍认为依然存在能够抗量子攻击的“经典”密码体制。至少到目前为止，未发现对这些密码方案的有效量子攻击方式。概括来说，当前公认的后量子密码包括：

(1) 基于 hash 的密码系统 [4,5]。

(2) 基于编码的密码，如文献 [6]、[7]。

(3) 格基密码。基于格上难题构造的密码算法目前吸引了越来越多的关注。早期格基密码的一个典型代表是著名的 NTRU 方案 [8]。

(4) 多变量公钥密码，如文献 [9]。

(5) 单钥密码，如著名的高级数据加密标准 (AES)。事实上，量子攻击看上去对单钥密码的影响似乎很小，只要适当增加参数，看上去当前安全的单钥密码都能够有效地抵御量子攻击。

综合来看，格密码是其中一类较典型的后量子密码，其自身具有一些其他后量子密码不具有的优势。例如：

(1) 基于随机格上平均状态下格问题的困难性与最坏状态下格问题的困难性等价。Ajtai 从理论上证明了格问题在平均状态和最坏状态下的困难性等价，这一论断的提出大大促进了格公钥密码的发展，成为格公钥密码发展的奠基石。

(2) 可证明安全性。格公钥密码可以基于已有的安全证明技术，实现方案安全性到格困难问题的安全规约，大大增强了人们对格密码安全性的信心。

(3) 潜在的计算效率。格公钥密码主要使用小整数的模加和模乘运算，无须使用诸如模指数运算、对运算等复杂、耗时的密码学运算，因此计算复杂度较低，具有潜在的计算效率优势。此外，格上的运算还便于采用并行运算等计算手段。

(4) 格密码具有代数结构简单、清晰，便于系统的软、硬件实现的特点。

(5) 格基密码属于线性密码，其特殊的几何结构在全同态密码的设计中拥有先天的优势。近年来，全同态密码在格公钥密码领域取得突破。全同态加密的实现使得在不可信终端进行可信的密文计算成为可能，这大大促进了云计算的发展。

近年来，格密码的研究驶入快车道。越来越多的密码学研究者开始关注格密码，开展格密码研究。这大大加快了格密码的研究进展。尤其自 2005 年以来，格密码领域优秀的研究成果不断涌现，使得格密码的研究基础逐渐夯实，研究工具不断丰富，研究内涵不断拓展。因此，开展格密码的设计研究正当其时。

1.2　格密码发展沿革

早在 2 300 年前，古希腊哲学家亚里士多德提出一个论断：“用完全相同的正四面体可以无缝隙地堆满整个房间。”这一论断一直到 1611 年才被开普勒怀疑是错误的。1611 年开普勒提出的猜想是：“在一个容器中堆放等半径的小球所能达到的最大密度是 $18/\sqrt{\pi}$。”时间推进到大约 1840 年，高斯引进了格的概念并证明：“在三维空间堆球，若所有的球心构成一个格，那么堆积密度所能达到的最大值是 $18/\sqrt{\pi}$。”从此，格的研究正式拉开序幕。综合来看，格的研究分如下几个阶段。

1. 第一阶段 (1840—1982 年)

在这一时期，Minkowski、Hermite、Bourgain、Hlawka、Kabatyansky、Levenstein、Lovasz、Mahler、Rogers 等著名数学家围绕一般几何体的格堆积与覆盖理论问题系统地发展了格数学理论。可以说“确定一个给定几何体的最大格堆积密度和最小格覆盖密度”一直是这一时期的核心研究问题。

2. 第二阶段 (1982—1996 年)

1982 年，格的研究发生了一个大事件 —— 著名的 LLL 算法被提出 [10]。LLL 算法通过计算一个上三角矩阵 $\boldsymbol{R}$ 的 QRZ 分解：

$$\boldsymbol{R} = \boldsymbol{Q}\hat{\boldsymbol{R}}\boldsymbol{Z}$$

其中，Q 为正交矩阵，Z 为单模矩阵，能够将格的一组基约减为一组正交性较好且基的尺寸较短的“好基”。一旦 LLL 算法奏效，格上著名的困难问题都将有效解决。而 LLL 算法也不负众望，对低维数的格作用明显。从此，开启了格在密码学中的应用。1982—1996 年，格在密码学的应用主要体现在密码分析中。以 LLL 算法为代表的格基规约算法对著名的背包密码、RSA 等的攻击都取得成果。

注：1994 年，还有一件大事情必须一提，P. W. Shor 在 1994 年的 FOCS (Proceedings of the 35th Annual Symposium on Foundations of Computer Science) 上证明了大整数的素分解和离散对数在量子攻击下都不再困难。这意味着一旦量子计算机诞生，基于数论假设的公钥密码学必将面临致命一击。因此未雨绸缪，关注密码系统的量子安全很容易在学术界达成共识。不过，20 世纪 90 年代，正是公钥密码学进入快速发展的阶段，学术界并没有因为 Shor 勾勒的基于大整数素分解和离散对数公钥密码“悲剧”的“结局”而放弃现在。全球的密码学家一起合力在大整数素分解和离散对数问题的基础上搭建了“宏伟”的现代密码学大厦，并快速地实现了在工业界的推广应用。

3. 第三阶段 (1996—2005 年)

1996 年，基于格设计的密码方案首次出现。文献 [11]、[12]、[8]、[13] (NTRU) 等早期的格密码方案相继被提出。相对当前较成熟的格密码，早期格密码存在诸如不安全 [14]、不能实现安全证明等不足。不过这并不能掩盖这一时期格密码发展的辉煌成果。这些成果的取得为后来格密码的快速发展奠定了坚实的理论基础 [15,16]。

4. 第四阶段 (2005 年至今)

2005 年，第一个基于 LWE 问题的公钥加密算法被提出，从此格密码研究驶入快车道。特别是 2008 年以来，格上设计密码算法的工具和方法逐渐丰富和成熟。数字签名、身份基密码、标准模型安全性、选择密文安全、属性基密码、零知识证明、身份证明协议等密码原语相继被提出[17−23]，基于格的密码体系日趋完善。格密码的研究也引起了学术界和工业界的广泛重视。尤其是 2008 年后，格密码研究声名鹊起，威名天下闻。为了推进格密码的研究，2010 年在欧密会后专门举办了“格密码日”。格密码从公钥密码大家庭的一个"新秀"，一举成为炙手可热的"明星"。2016 年，美国 NIST (美国标准化技术研究院) 已经公布了"后量子密码标准制定的路线图和时间表"，并计划在未来五年内完成算法征集及其相关分析工作。这其中格密码作为典型的后量子密码代表，成为候选后量子密码标准的主力军。

1.3 本章小结

综上，开展格密码的设计研究正当其时，深入挖掘格密码的设计内涵，探究其实现途径、推进格密码与现实需求对接，既具有积极的学术价值，又有紧迫的现实意义。本书讨论格上密码方案的设计，讨论基于格工具设计格密码算法的基本方法和基本技巧。对于密码设计者而言，安全性、效率、密码功能实现是三大设计指标。现实中这三点往往相互制约，互为因果。例如，实现更高的安全性往往以牺牲效率为代价，而特殊密码功能的实现往往也要借助复杂的密码变换，容易引起效率的降低。因此，密码方案设计的核心工作就是要在三者 (或两者) 之间寻找平衡，达到相对理想的最优状态，这考验的是设计者的设计技巧和设计能力。

本书介绍了格上多种密码方案的设计方法，涵盖了身份基签名、身份基加密、公钥加密、特殊性质的数字签名及签密等领域。在这些方案设计中，以效率提升为设计工作的中心问题，针对不同的设计要求尽量实现"效率和功能实现"或是"效率和安全性"的兼顾，甚至在个别方案的设计中实现了效率、安全性、功能实现三者的兼顾。除了借助已有设计工具的高效性提升方案的效率外，本书还提出了两种有效实现效率提升的方法。我们将其分别命名为"多比特公钥赋值 (有格基代理)"法和"数据编码法 (无格基代理)"。本书在 3.4 节、3.5 节、6.3 节中将"多比特公钥赋值技术"分别应用于数字签名及分级身份基加密方案的设计中。6.4 节中使用数据编码的方法实现了格上身份基加密的高效设计。本书介绍的格密码方案都使用现有安全证明技术实现了安全证明。

希望本书能帮助格密码的初学者尽快理解和掌握格密码设计的基本方法、思路和工具。希望本书能帮助格密码设计者启发思路，实现更好的格密码设计方案。作为一本专业书籍，书中涉及的专业知识、方法、工具等较多，远远无法实现如科普书般通俗易懂。虽然对书中繁难之处尽量给出了解释和提醒，但是受作者水平所限，必然有解释不清或疏漏之处。这容易增加初次接触格密码的读者的阅读难度，作者深表歉意，并诚恳地希望读者指出问题和不足之处。

第2章 预备知识

本章将介绍格密码的一些基本定义、基本结论和设计格密码的基本工具。2.1 节介绍格基本理论，2.2 节介绍设计格密码的一个重要工具 —— 原像抽样函数的定义及相关结论，2.3 节介绍格基代理的实现方法，2.4 节介绍本书用到的其他一些主要格密码设计工具。

2.1 格理论简介

2.1.1 格

首先介绍一个衡量向量长度的概念 —— 向量的范数。

定义 2.1 l_p 范数：给定一个向量 $\boldsymbol{b}=(b_1,b_2,\cdots,b_n)$，$p\geqslant 1$，$\boldsymbol{b}$ 的 l_p 范数定义为 $||\boldsymbol{b}||_p=\sqrt[p]{\sum_{i=1}^{n}(b_i)^p}$，$l_\infty$ 范数定义为 $||\boldsymbol{b}||_\infty=\max\{b_i\}$。

几种常见的范数如下：

- 1- 范数：$||\boldsymbol{b}||_1=\sum_{i=1}^{n}|b_i|$。
- 2- 范数 (欧几里得范数)：$||\boldsymbol{b}||_2=\sqrt{\sum_{i=1}^{n}b_i^2}$。
- 无穷范数：$||\boldsymbol{b}||_\infty=\max_{i=1}^{n}|b_i|$。

若无特殊说明，本书后续使用的均是欧几里得范数，并且简记为 $||\cdot||$。

显然，对任意 l_p 范数，满足如下条件：

(1) $||\boldsymbol{x}||_p\geqslant 0$, 且仅当 $\boldsymbol{x}=0$ 时等号成立。

(2) $||a\boldsymbol{x}||_p=|a|||\boldsymbol{x}||_p$。

(3) $||\boldsymbol{x}+\boldsymbol{y}||_p \leqslant ||\boldsymbol{x}||_p + ||\boldsymbol{y}||_p$。

定义 2.2 定义于相同集合 Ω 上的两个随机变量 X 和 Y 之间的统计距离为

$$\Delta(X,Y)=\frac{1}{2}\sum_{S\in\Omega}|\Pr(X=S)-\Pr(Y=S)|$$

如果随机变量的统计距离是一个关于 λ 可忽略的函数，那么我们称两个随机变量 $X=X(\lambda)$ 和 $Y=Y(\lambda)$ 是统计接近的 (或统计不可区分的)。

定义 2.3 令 $\{\boldsymbol{b}_1,\boldsymbol{b}_2,\cdots,\boldsymbol{b}_n\}$ 为 n 个线性独立的向量。由 $\{\boldsymbol{b}_1,\boldsymbol{b}_2,\cdots,\boldsymbol{b}_n\}$ 生成的 n 维格定义为：$\Lambda=\left\{\sum\limits_{i\in[n]}c_i\boldsymbol{b}_i, c_i\in\mathbb{Z}\right\}$。

概括来说，格是由一组线性无关向量的所有整数线性组合构成的向量全体。其中

$$\{\boldsymbol{b}_1,\boldsymbol{b}_2,\cdots,\boldsymbol{b}_n\}$$

称为格的一组基，基向量的个数 n 定义为格的维数。如果格中的向量均为整数向量，则称这样的格为整数格。如果格 Λ 的一个子集 Λ_1 依然构成格，则称 Λ_1 为 Λ 的子格。例如，图 2.1 所示为平面上的一个二维格及其一个子格 (依然是二维的)。

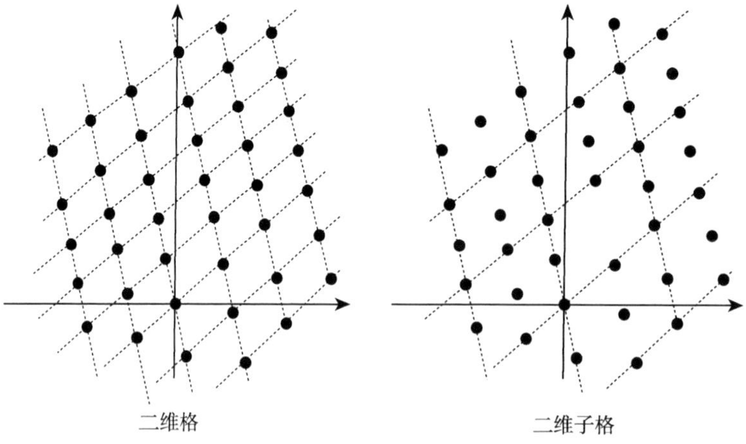

图 2.1 格及其子格示例

利用格的维数与向量维数的关系可以将格细分为满秩格、减秩格和超秩格。具体地，如果格的维数等于向量的维数，则这样的格称为满秩格；如果格的维数小于向量的维数，

则这样的格称为减秩格；如果格的维数大于向量的维数，则这样的格称为超秩格。

下面我们来解决如下两个问题，一是“如何判断一组向量是否构成格的一组基”；二是“不同的格基之间有怎样的关系”。我们首先解决第一个问题。

定义 2.4 (单位平行多面体) 对于任意格的基 $\boldsymbol{B}$，定义格的单位平行多面体为 $P(\boldsymbol{B})=\{\boldsymbol{B}\boldsymbol{x}|\boldsymbol{x}\in\mathbb{R}^n,\forall i,0<x_i<1\}$。

格的单位平行多面体就是以格的基中的向量为边的空间平行多面体。

定理 2.1 设 Λ 是一个秩为 n 的格，$\boldsymbol{b}_1,\boldsymbol{b}_2,\cdots,\boldsymbol{b}_n$ 是 n 个线性无关的格向量，那么 $\{\boldsymbol{b}_1,\boldsymbol{b}_2,\cdots,\boldsymbol{b}_n\}$ 是格 Λ 的一组基，当且仅当 $P(\boldsymbol{b}_1,\boldsymbol{b}_2,\cdots,\boldsymbol{b}_n)\bigcap\Lambda=\{0\}$。

证明:

充分性。

若 $\{\boldsymbol{b}_1,\boldsymbol{b}_2,\cdots,\boldsymbol{b}_n\}$ 是格 Λ 的一组基，则根据单位平行多面体的定义，$P(\boldsymbol{B})=\{\boldsymbol{B}\boldsymbol{x}|\boldsymbol{x}\in\mathbb{R}^n,\forall \boldsymbol{i},0<x_i<1\}$ 表示的是系数取自 $[0,1)$ 的基向量的线性组合。显然有

$$P(\boldsymbol{b}_1,\boldsymbol{b}_2,\cdots,\boldsymbol{b}_n)\bigcap\Lambda=\{0\}$$

必要性。

假设 $P(\boldsymbol{b}_1,\boldsymbol{b}_2,\cdots,\boldsymbol{b}_n)\bigcap\Lambda=\{0\}$，而 $\{\boldsymbol{b}_1,\boldsymbol{b}_2,\cdots,\boldsymbol{b}_n\}$ 是 n 个线性无关的格向量，且格的维数为 n，所以格中任意向量 $\boldsymbol{x}\in\Lambda$，存在 $y_i\in\mathbb{R}$，有 $\boldsymbol{x}=\sum\limits_{i=1}^{n}y_i\boldsymbol{b}_i$。从而

$$\boldsymbol{x}'=\sum_{i=1}^{n}(y_i-\lfloor y_i\rceil)\boldsymbol{b}_i\in\Lambda$$

又因为 $0\leqslant y_i-\lfloor y_i\rceil<1$，从而 $\boldsymbol{x}'\in P(\boldsymbol{b}_1,\boldsymbol{b}_2,\cdots,\boldsymbol{b}_n)$。所以

$$\boldsymbol{x}'\in P(\boldsymbol{b}_1,\boldsymbol{b}_2,\cdots,\boldsymbol{b}_n)\bigcap\Lambda=\{0\}$$

即 $\boldsymbol{x}'=0$。也就是 $y_i-\lfloor y_i\rceil=0$，则所有的 y_i 都是整数。即向量 $\boldsymbol{x}$ 是向量组 $\{\boldsymbol{b}_1,\boldsymbol{b}_2,\cdots,\boldsymbol{b}_n\}$ 的一组整数线性组合。所以 $\{\boldsymbol{b}_1,\boldsymbol{b}_2,\cdots,\boldsymbol{b}_n\}$ 是格的一组基。 □

至此，解决了判断一组向量是否构成格的基向量的问题。我们继续来分析两组格的基之间的关系。

定义 2.5 设 $\boldsymbol{U} \in \mathbb{Z}^{n\times n}$，则矩阵 $\boldsymbol{U}$ 为单位模矩阵 (或幺模矩阵) 的充要条件是 $\det \boldsymbol{U} = \pm 1$。

例如：$\begin{pmatrix} -1 & 2 \\ 0 & -1 \end{pmatrix}$ 显然为单位模矩阵。

定理 2.2 矩阵 $\boldsymbol{U}$ 为单位模矩阵，则 $\boldsymbol{U}^{-1}$ 也是单位模矩阵。

定理 2.3 $\boldsymbol{B}_1$ 和 $\boldsymbol{B}_2$ 为同一格的两组基的充要条件是存在单位模矩阵 $\boldsymbol{U}$，使得 $\boldsymbol{B}_1 = \boldsymbol{U}\boldsymbol{B}_2$。

证明：

充分性。

若 $\boldsymbol{B}_1$ 和 $\boldsymbol{B}_2$ 为同一格的两组基，则矩阵 $\boldsymbol{B}_2$ 的列向量可以由 $\boldsymbol{B}_1$ 的列向量整数线性表示。即存在整数矩阵 (方阵)$\boldsymbol{U}$：$\boldsymbol{B}_2 = \boldsymbol{U}\boldsymbol{B}_1$。

同理，$\boldsymbol{B}_1$ 的列向量可以由 $\boldsymbol{B}_2$ 的列向量整数线性表示。所以存在整数矩阵 $\boldsymbol{V}$：$\boldsymbol{B}_1 = \boldsymbol{V}\boldsymbol{B}_2$。

所以

$$\boldsymbol{B}_2 = \boldsymbol{U}\boldsymbol{V}\boldsymbol{B}_2$$

$$\boldsymbol{B}_2\boldsymbol{B}_2^{\mathrm{T}} = \boldsymbol{U}\boldsymbol{V}\boldsymbol{B}_2\boldsymbol{B}_2^{\mathrm{T}}\boldsymbol{V}^{\mathrm{T}}\boldsymbol{U}^{\mathrm{T}}$$

又因为 $\boldsymbol{B}_2$ 是格的一组基，则上述方阵可逆。两边求行列式，得

$$\det \boldsymbol{U} \det \boldsymbol{V} = \pm 1$$

而矩阵 $\boldsymbol{U}$ 与 $\boldsymbol{V}$ 都是整数矩阵，所以 $\det \boldsymbol{U} = \pm 1$。

必要性。

假设存在单位模整数矩阵 $\boldsymbol{U}$：$\boldsymbol{B}_2 = \boldsymbol{U}\boldsymbol{B}_1$，则 $\boldsymbol{B}_2 \in \Lambda(\boldsymbol{B}_1)$；同理 $\boldsymbol{B}_1 \in \Lambda(\boldsymbol{B}_2)$。所以 $\Lambda(\boldsymbol{B}_1) = \Lambda(\boldsymbol{B}_2)$。 □

注：至此，我们对格的认识总结为：

(1) 格是线性空间中一组线性无关向量的全体整数线性组合。

(2) 格的基是不唯一的。

(3) 获得一个判断向量组是格的基的方法。

(4) 明确了格的两组基之间的关系。

初次接触格的读者可能觉得“格看上去跟线性空间很接近”。那么，格与线性空间有什么联系和不同呢？

(1) 从定义上看，线性空间是任意实数系数构造基向量的线性组合，而格只能是利用整数系数构造基向量的线性组合。

(2) 格的维数等于线性空间的维数。

(3) 格中任意 n 个线性无关的向量构成线性空间的一组基。不过，反之未必成立！即线性空间的 n 个线性无关的向量未必构成格的基。反例由图 2.1 所示二维格和二维子格的示例即可得到。

2.1.2 格上的不变量

由格的定义知，任意格的两组等价基之间相差一个单位模矩阵。显然，单位模矩阵有无穷多个，因此格的基是不唯一的，有无穷多个。一个很自然的问题是：“对于给定的一个格，有哪些固定的标签可以因为格的固定而固定下来？”或者说，“对一个格而言，在基变化的外表下有哪些本质的、不变的因素存在？”

1. 行列式

定义 2.6 格的行列式定义为：$\det \Lambda(\boldsymbol{B}) = \sqrt{\det(\boldsymbol{B}\boldsymbol{B}^{\mathrm{T}})}$。

由于格的不同基向量间相差一个单位模矩阵，由以上定义不难发现，通过不同的格基计算得到格的行列式是相同的。即

$$\sqrt{\det(\boldsymbol{B}\boldsymbol{B}^{\mathrm{T}})} = \sqrt{\det(\boldsymbol{B}_1\boldsymbol{U}\boldsymbol{U}^{\mathrm{T}}\boldsymbol{B}_1^{\mathrm{T}})} = \sqrt{\det(\boldsymbol{B}_1\boldsymbol{B}_1^{\mathrm{T}})}$$

格的行列式从几何上看等于其每组格基所对应的基本平行多面体的体积。以下介绍一个计算格的行列式的方法。

设 $\boldsymbol{b}_1, \boldsymbol{b}_2, \cdots, \boldsymbol{b}_n$ 是一组线性无关向量，令 $\boldsymbol{b}_1^*, \boldsymbol{b}_2^*, \cdots, \boldsymbol{b}_n^*$ 分别为其 Gram-Schmidt 正

交化向量，因此，由 Gram-Schmidt 正交化过程可知：

$$\boldsymbol{b}_1^* = \boldsymbol{b}_1$$

$$\boldsymbol{b}_i^* = \boldsymbol{b}_i - \sum_{j=1}^{i} a_{ij}\boldsymbol{b}_j^*, a_{ij} = \frac{(\boldsymbol{b}_i, \boldsymbol{b}_j^*)}{(\boldsymbol{b}_j^*, \boldsymbol{b}_j^*)}$$

则可以利用格的基向量的 Gram-Schmidt 正交化向量范数之积来计算格的行列式。

定理 2.4 设 $\boldsymbol{B} = \{\boldsymbol{b}_1, \boldsymbol{b}_2, \cdots, \boldsymbol{b}_n\}$ 是格 $\Lambda(\boldsymbol{B})$ 的一组基，则 $\det(\Lambda(\boldsymbol{B})) = \prod_{j=1}^{n} ||\boldsymbol{b}_n^*||$。

证明：设 $\boldsymbol{B}^* = (\boldsymbol{b}_1^*, \boldsymbol{b}_2^*, \cdots, \boldsymbol{b}_n^*)$，则由 Gram-Schmidt 正交化过程可知，$\boldsymbol{B}^* = \boldsymbol{B}\boldsymbol{U}$，其中矩阵 $\boldsymbol{U}$ 为对角线元素全部为 1 的上三角矩阵。

所以

$$(\boldsymbol{B}^*)^{\mathrm{T}}\boldsymbol{B}^* = \boldsymbol{U}^{\mathrm{T}}\boldsymbol{B}^{\mathrm{T}}\boldsymbol{B}\boldsymbol{U}$$

两边计算行列式得

$$\det(\Lambda(\boldsymbol{B})) = \prod_{j=1}^{n} ||\boldsymbol{b}_n^*||$$

□

2. 逐次最小

因为格是向量的集合，是离散的，所以在格中必然存在非零向量，使得其欧几里得范数最小。设在格上第一逐次最小的范数为 λ_1。若以原点为“球心”做一个半径为 λ_1 的开球，则该球内仅仅包含一个非零的格向量，事实上是格的最小向量。

一般的，令 $\boldsymbol{B}(0,r) = \{\boldsymbol{x} \in \mathbb{R}^m | ||\boldsymbol{x}|| < r\}$，一个给定格 Λ 的第 i 个逐次最小 λ_i 定义为

$$\lambda_i = \inf\{r : \dim(\mathrm{span}(\Lambda \bigcap \boldsymbol{B}(0,r))) \geqslant i\}$$

即第 i 个逐次最小 λ_i 被定义为以原点为中心，包含 i 个线性无关的格向量的最小球体的半径。

不同的范数都可以定义相应的逐次最小的概念，不过每个逐次最小的值以及哪个向量实现相应的逐次最小却可能因为范数的不同而不同。例如：

$$\boldsymbol{b}_1=(2,0)^{\mathrm{T}},\boldsymbol{b}_2=(1,1)^{\mathrm{T}}$$

是格 $\varLambda=\{\boldsymbol{v}\in\mathbb{Z}^2|v_1+v_2=0(\mathrm{mod}\,2)\}$ 的一组基。显然如果考虑 l_1- 范数，$\lambda_1=2$，则向量 $\boldsymbol{b}_1=(2,0)^{\mathrm{T}}$ 是第一逐次最小向量。不过当考虑欧几里得范数时，$\lambda_1=\sqrt{2}$，向量 $\boldsymbol{b}_1=(2,0)^{\mathrm{T}}$ 不是第一逐次最小对应的向量。

逐次最小的概念与格上向量存在必然的联系，使得逐次最小在格理论的研究中起到举足轻重的作用。首先我们有如下结论成立。

定理 2.5　设一个 n 维格 $\varLambda$ 及其 n 个逐次最小值 $\lambda_1,\lambda_2,\cdots,\lambda_n$，则存在线性无关的 n 个格向量 $\boldsymbol{v}_1,\boldsymbol{v}_2,\cdots,\boldsymbol{v}_n\in\varLambda$，使得 $||\boldsymbol{v}_i||=\lambda_i$，其中 $i=1,2,\cdots,n$。

进一步，利用逐次最小作为工具可以给出格上最小向量满足的上下界。

定理 2.6　设 $\boldsymbol{b}_1,\boldsymbol{b}_2,\cdots,\boldsymbol{b}_n$ 是 n 维格 $\varLambda$ 的一组基，令 $\boldsymbol{b}_1^*,\boldsymbol{b}_2^*,\cdots,\boldsymbol{b}_n^*$ 分别为其 Gram-Schmidt 正交化向量，则 $\lambda_1(\varLambda)>\min\limits_j|\boldsymbol{b}_j^*||$。

定理 2.7　(闵可夫斯基第一定理) 设格 $\varLambda$ 是一个 n 维满秩格，则 $\lambda_1(\varLambda)\leqslant\sqrt{n}(\det\varLambda)^{\frac{1}{n}}$。

定理 2.8　(闵可夫斯基第二定理) 设格 $\varLambda$ 是一个 n 维满秩格，则 $\prod\limits_{i=1}^{n}\lambda_i(\varLambda)<\sqrt{n}(\det\varLambda)^{\frac{1}{n}}$。

2.1.3　格上困难问题

闵可夫斯基定理给出了格上最小范数向量的范数下界。这两个定理的证明都相对复杂，因此本书忽略了其证明过程。不过，有一点是肯定的，闵可夫斯基定理的证明不是构造性的，也就是说该定理并没有给出一个能够找到范数满足 $\prod\limits_{i=1}^{n}\lambda_i(\varLambda)<\sqrt{n}(\det\varLambda)^{\frac{1}{n}}$ 的向量的方法。事实上，对一个一般的格而言，无论是计算第一逐次最小 λ_1 或是寻找其最小向量都是困难的。最短向量问题 (Shortest Vector Problem, SVP) 和最近向量问题 (Closest Vector Problem, CVP) 是格上定义的两个最典型和最基本的困难问题。其中 SVP

在随机规约下被证明是 NP-hard 问题 [24]，而 CVP 则在确定性规约下被证明是 NP-C 问题 [25]。

定义 2.7 SVP：设 $\boldsymbol{B}$ 是格 Λ 的一组基，$d \in \mathbb{R}$，SVP 就是在格上寻找一个非零向量 $\boldsymbol{u}$，其满足：对任意格上的向量 $\boldsymbol{v} \in \Lambda$，有 $||\boldsymbol{v}|| \geqslant ||\boldsymbol{u}||$ 成立。而 Gap-SVP 就是要判断 λ_1 是否小于实数 d。若 $\lambda_1 \leqslant d$，则输出 YES；否则，输出 NO。

定义 2.8 CVP：给定 $\boldsymbol{B}$ 是格 Λ 的一组基，$\boldsymbol{t}$ 为目标向量。CVP 就是在格上寻找一个非零向量 $\boldsymbol{u}$，其满足：对任意格上的向量 $\boldsymbol{v} \in \Lambda$，有 $||\boldsymbol{v}-\boldsymbol{t}|| \geqslant ||\boldsymbol{u}-\boldsymbol{t}||$ 成立。记 $\mathrm{dist}(\Lambda, \boldsymbol{t}) = ||\boldsymbol{u}-\boldsymbol{t}||$ 为目标向量到格的距离。

Gap-CVP：给定格 Λ 的一组基和目标向量 $\boldsymbol{t}$，已知有理数 $\gamma > 1$ 及有理数 r，Gap-CVP 要求判断 $\mathrm{dist}(\Lambda, \boldsymbol{t})$ 属于 YES 实例或 NO 实例。其中 YES 实例中 $\mathrm{dist}(\Lambda, \boldsymbol{t}) < r$，NO 实例中 $\mathrm{dist}(\Lambda, \boldsymbol{t}) > \gamma r$。

事实上，对格 SVP 和 CVP 而言，其近似问题 (Approximate) 依然是困难的。也就是说，在格上，对恰当的参数 $\gamma(n)$，即使确定一个格向量使其范数小于 $\gamma(n)\lambda_1$，依然是困难的。

定义 2.9 SIVP (Shortest Independent Vector Problem)。给定一个 n 维格 Λ 及其一组基 $\boldsymbol{B}$、有理数 r，SIVP 要求输出 n 个线性无关的格向量 $\boldsymbol{S}$，使得 $||\boldsymbol{S}|| \leqslant r\lambda_n$。

Regev 提出一个带差错的学习 (Learning with Errors, LWE) 问题。LWE 问题包含查找 (Search) 型和判定 (Decision) 型两种。

定义 2.10 LWE 问题：给定参数 n, m, q，令 $\boldsymbol{s} \in \mathbb{Z}_q^n$，$\chi$ 是 $\mathbb{Z}_q^m$ 上的一个差错分布。令 $\mathbb{A}_{s,\chi}$ 为通过计算 $\{\boldsymbol{A}, \boldsymbol{A}^{\mathrm{T}}\boldsymbol{s}+\boldsymbol{x} (\mathrm{mod}\ q)\}$ 得到的概率分布，其中 $\boldsymbol{A} \in \mathbb{Z}_q^{n\times m}$ 是一个均匀随机选择的矩阵，而差错向量 $\boldsymbol{x}$ 是选自分布 χ。Search 型 LWE 问题定义为：通过给定分布 $\mathbb{A}_{s,\chi}$ 的多项式个抽样，以不可忽略的概率求解出向量 $\boldsymbol{s}$。Decision 型 LWE 问题是要求区分 $\mathbb{A}_{s,\chi}$ 分布和 $\mathbb{Z}_q^{n\times m} \times \mathbb{Z}_q^m$ 上的均匀分布。

Regrev 证明 LWE 问题的困难性等价于利用量子算法求解最坏状态下的 SIVP 和 Gap-SVP 的困难性 [26]。后来，Peikert 通过适当放大参数 q 给出了 LWE 问题到标准格

问题的经典规约 [27]。

标准 LWE 问题中差错分布 χ 是一个离散高斯分布 $\bar{\Phi}_{\alpha}^{m}$，其中高斯偏差为 $q\alpha > \sqrt{n}$。设 $\mathbb{R}$ 上的连续高斯分布为 D_{α}，其中 α 为标准方差，则 $\bar{\Phi}_{\alpha}^{m}$ 可以按照如下操作实现：

(1) 按照高斯分布 D_{α} 抽取 m 个数 $\eta_1, \eta_2, \cdots, \eta_m \in \mathbb{R}$。

(2) 计算 $e_i = \lfloor q\eta_i \rceil (\bmod\ q)$，其中符号 $\lfloor \cdot \rceil$ 表示近取整运算。

(3) 记 $\boldsymbol{e} = (e_1, \cdots, e_m)$ 为 LWE 问题的差错向量。

如文献 [28] 所述，在 LWE 问题中即使差错向量取自较之“标准”差错高斯分布的形状更宽的分布 $D_{(\mathbb{Z}^m, \alpha)}$，困难性依然满足。令 $\text{LWE}_{(m,q,\alpha)}$ 为差错高斯参数为 α 的标准 LWE 问题的缩写，上述事实可以由以下引理表述。

引理 2.1　由$\text{LWE}_{(m,q,\alpha)}$问题的困难性可以推出$\text{LWE}_{(m,q,D_{(\mathbb{Z}^m,\alpha)})}$问题依然是困难的。

引理的详细证明由文献 [28] 给出。

基于 LWE 问题容易构造一个陷门单项函数，其陷门为格上的一组陷门基 (范数较小的基，下同)。设格 $\Lambda_q^{\perp}(\boldsymbol{A})$ 的一组陷门基为 $\boldsymbol{T}$，则由 LWE 问题定义的陷门单项函数 $\{\boldsymbol{A}, \boldsymbol{y} = \boldsymbol{A}^{\mathrm{T}}\boldsymbol{s} + \boldsymbol{x} (\bmod\ q)\}$ 可以如下求解。首先计算 $\boldsymbol{T}\boldsymbol{y} = \boldsymbol{T}\boldsymbol{x} (\bmod\ q)$。由于陷门基 $\boldsymbol{T}$ 和差错向量 $\boldsymbol{x}$ 都具有较小的范数，因此对于足够大的参数 q 以极大概率有 $\boldsymbol{T}\boldsymbol{x} (\bmod\ q) = \boldsymbol{T}\boldsymbol{x}$(整数) 成立 [29]。接下来计算差错向量 $\boldsymbol{x} = \boldsymbol{T}^{-1}\boldsymbol{T}\boldsymbol{x} (\bmod\ q)$。从而利用 $\boldsymbol{A}, \boldsymbol{e}, \boldsymbol{y}$ 通过解线性方程组可以求出向量 $\boldsymbol{s}$。

特别指出，文献 [30] 指出 LWE 问题具有良好的稳健性，这可能为基于 LWE 问题设计抗泄露密码提供了先天的优势 [31]。

定义 2.11　小整数解 (Short Integer Solution, SIS) 问题：给定一个均匀随机的矩阵 $\boldsymbol{A} \in \mathbb{Z}_q^{n \times m}$ 和参数 n, m, q, β。SIS 问题的目标是找到一个非零的整数向量 $\boldsymbol{v} \in \mathbb{Z}_q^m$，满足 $\|\boldsymbol{v}\| \leqslant \beta$ 和 $\boldsymbol{A}\boldsymbol{v} = 0 (\bmod\ q)$。

SIS 问题可以看作格 $\Lambda_q^{\perp}(\boldsymbol{A})$ 上的近似 SVP。文献 [32] 证明了平均状态下的 SIS 问题和最差状态下的 SIVP 等价。

小结：与基于数论假设的困难问题比较，格上困难问题具有一些新颖的特点，这些特点能够为基于其设计的密码方案提供崭新的特点和功能。例如：

(1) 量子安全性。格上困难问题在量子攻击下依然保持困难性，截至目前，没有发现量子算法在求解格上困难问题时拥有比标准算法明显的优势。研究者普遍相信格问题能够保持量子环境下的安全性。这也使得格密码成为当前最典型的后量子密码之一。

(2) 平均状态下的困难性与最坏状态下困难性实现等价。Ajtai 证明了格问题在平均状态和最坏状态下是等价的 [11]。这使得格密码的安全性可以基于格上最坏问题的困难性假设。这一特点相对其他困难问题而言也是巨大的优势。

事实上，格的这一特点使得在随机均匀产生的格上搭建格密码系统就能确保攻破该密码系统的难度与解决最坏状态下格问题一样。既便于格密码的设计，又能实现高的安全性。显然很多基于其他困难问题设计的密码系统不具备该特点，例如，基于大整数的素分解问题设计的密码。我们究竟如何选择一个 N 能够确保分解 N 是困难的？首先，不能寄希望于第三方帮助我们生成这样的 N，显然那样将导致第三方可能攻破我们的方案。因此，别无选择，N 只能由自己产生。不过如何产生 N 呢？如格密码一样随机生成一个 N 显然是不可取的。因为至少一半可能是偶数，很容易实现分解 (即使是奇数也可能容易分解)。或许，如读者想到的那样，可以先选两个素数，让它们相乘得到 N。不过，我们依然需要小心的是，对某些选择的素数可能导致由它相乘得到的 N 容易在特殊分解算法下实现分解。总而言之，虽然我们相信大整数素分解问题在最坏状态下是困难的，但如何确保 N 分解的难度是在最坏状态下没有明确结论的。

(3) 格上涉及的计算都是相对简单的模乘运算，其计算效率较高。

(4) LWE 问题和 SIS 问题都保持着线性结构，这一特点也为格上设计保持同态性的全同态密码提供了便利。截至目前，全同态加密算法及 $\mathbb{F}_2$ 上的同态签名方案都是基于格设计实现的 [33−37]。

对偶格：给定一个格 $\Lambda(\boldsymbol{B})$，定义 Λ 的对偶格 Λ^* 为以 $\boldsymbol{B}$ 为基向量的线性空间中所有与 Λ 中向量内积为整数的向量的全体。即

$$\Lambda^* = \{\boldsymbol{y} \in \operatorname{span}(\boldsymbol{B}) | \forall x \in \Lambda(\boldsymbol{B}), \langle \boldsymbol{x}, \boldsymbol{y} \rangle \in \mathbb{Z}\}$$

利用对称性，我们有 $(\Lambda^*)^* = \Lambda$ 成立。利用对偶格的定义可得如下结论：若 $\boldsymbol{B}$ 是格 Λ 的基，则 $\boldsymbol{B}^* = (\boldsymbol{B}^{-1})^{\mathrm{T}}$ 是对偶格 Λ^* 的基。

利用 Gram-Schmidt 正交化过程，可以将格的一组基 $\boldsymbol{B}$ 进行正交化，得到该基的 Gram-Schmidt 正交型并记为 $\tilde{\boldsymbol{B}}$。需要强调的是，$\tilde{\boldsymbol{B}}$ 中向量除第一个向量外其他向量均不再是格中向量。接下来的引理给出了格的 Gram-Schmidt 正交基与其对偶格的 Gram-Schmidt 正交基之间的联系。

引理 2.2 [38] 设 $\{\boldsymbol{b}_1, \cdots, \boldsymbol{b}_n\}$ 是按照范数大小排列的一组基，$\{\boldsymbol{d}_1, \cdots, \boldsymbol{d}_n\}$ 是其对偶基，并且是按照范数大小的反序排列的，则 $\tilde{\boldsymbol{d}}_i = \tilde{\boldsymbol{b}}_i/||\tilde{\boldsymbol{b}}_i||^2$ 对所有 $i \in [n]$ 成立。进一步，$||\tilde{\boldsymbol{d}}_i|| = 1/||\tilde{\boldsymbol{b}}_i||$。

在格密码中一般使用两类特殊的、定义在 $\mathbb{Z}_q$ 上的满秩、整数格。这两类格可以如编码理论中的线性码一样用矩阵给出方便、具体而形象的描述。设 $\boldsymbol{A} \in \mathbb{Z}_q^{n\times m}$ 和向量 $\boldsymbol{y} \in \mathbb{Z}_q^n$，其中 n, m, q 为相关参数，定义

$$\Lambda_q^{\perp}(\boldsymbol{A}) = \{\boldsymbol{v} \in \mathbb{Z}_q^m | \boldsymbol{A}\boldsymbol{v} = 0 (\mathrm{mod}\ q)\}, \Lambda_q^{\boldsymbol{y}}(\boldsymbol{A}) = \{\boldsymbol{v} \in \mathbb{Z}_q^m | \boldsymbol{A}\boldsymbol{v} = \boldsymbol{y} (\mathrm{mod}\ q)\}$$

即所有与矩阵 $\boldsymbol{A}$ 的行向量模 q 正交的向量构成格 $\Lambda_q^{\perp}(\boldsymbol{A})$。而格 $\Lambda_q^{\boldsymbol{y}}(\boldsymbol{A})$ 则由向量 $\boldsymbol{y}$ 所在的格 $\Lambda_q^{\perp}(\boldsymbol{A})$ 的陪集中向量构成。

Ajtai 给出了一个能够生成 $\Lambda_q^{\perp}(\boldsymbol{A})$ 与格上一组小范数基（陷门基）的概率多项式时间算法。这使得基于格 $\Lambda_q^{\perp}(\boldsymbol{A})$ 设计密码方案成为可能，该算法成为格公钥设计过程中的基本工具，大大推动了格公钥密码的发展 [11]。不过，Ajtai 给出的陷门基生成的效果并不理想，其输出向量的范数达到 $O(n^2 \log n)$。因此在实际使用该算法时，为了确保格上陷门基不被敌手计算得到，必然要增大系统的参数，这显然增加了系统的开销，限制了系统效率的提升。Alwen 和 Peikert 提出了一个更高效的生成格及其陷门基的算法 [39]，使得陷门基的输出范数缩小到 $O(\sqrt{n \log q})$。这为缩小格密码系统的安全参数、提升其实现效率提供了理论保证。后来，2012 年，Micciancio 和 Peikert 又提出一种范数更小、更利于生成的高效新型陷门生成算法，并实现了与陷门基使用场景的衔接。本书依然从陷门基应用的角度开展格密码的介绍。本节通称 Ajtai 及 Alwen 的算法为陷门抽样算法，并以引

理的形式给出算法的描述。

引理 2.3 陷门抽样算法[39]：给定参数 $q=\text{poly}(n)$ 和 $m>5n\log q$，存在一个概率多项式时间 (PPT) 算法以 1^n 为输入，输出一个矩阵 $\boldsymbol{A}\in\mathbb{Z}_q^{n\times m}$ 和一个满秩集合 $\boldsymbol{S}\subset\Lambda^{\perp}(\boldsymbol{A})$，其中矩阵 $\boldsymbol{A}$ 的分布是统计接近均匀分布的，并且 $\|\boldsymbol{S}\|\leqslant O(n\log q)$。进一步的，集合 $\boldsymbol{S}$ 可以被有效地变型为格 $\Lambda_q^{\perp}(\boldsymbol{A})$ 的陷门基 $\boldsymbol{T}$。

算法： 陷门抽样算法

输入：$\boldsymbol{A}_1\in\mathbb{Z}_q^{n\times m_1},m_2$

(1) 生成 $\boldsymbol{U}\in\mathbb{Z}_q^{m\times m},\boldsymbol{G},\boldsymbol{P}\in\mathbb{Z}_q^{m_2\times m_1},\boldsymbol{C}\in\mathbb{Z}_q^{m_1\times m_1}$，其中，$\boldsymbol{U}$ 为非奇异矩阵，$\boldsymbol{GP}+\boldsymbol{C}\subset\Lambda^{\perp}(\boldsymbol{A}_1)$。

(2) 计算 $\boldsymbol{A}_2=-\boldsymbol{A}_1(\boldsymbol{R}+\boldsymbol{G})\in\mathbb{Z}_q^{n\times m_2}$。

(3) 计算 $\boldsymbol{S}=\begin{pmatrix}(\boldsymbol{G}+\boldsymbol{R})\boldsymbol{U} & \boldsymbol{RP}-\boldsymbol{C}\\ \boldsymbol{U} & \boldsymbol{P}\end{pmatrix}$。

输出：$\boldsymbol{A}=(\boldsymbol{A}_1,\boldsymbol{A}_2)$ 和 $\boldsymbol{S}$。

注：陷门抽样算法的关键是 $\boldsymbol{U}\in\mathbb{Z}_q^{m\times m},\boldsymbol{G},\boldsymbol{P}\in\mathbb{Z}_q^{m_2\times m_1},\boldsymbol{C}\in\mathbb{Z}_q^{m_1\times m_1}$ 的计算。读者可以参考文献 [39] 得到各矩阵的具体计算和产生方式。篇幅所限，本节不再详细展开。

2.1.4 高斯分布

格上高斯分布很早就被用来研究格的一些性质[40]，近年来，研究者发现使用高斯分布能够有效地隐藏格上陷门信息，实现方案的安全性。不仅如此，研究者还找到了几种实现格上高斯分布的有效方法，掌握了格上高斯分布的很多良好性质。这些积累大大促进了高斯分布作为重要工具在格密码设计领域的应用[28,38,41−45]。方便起见，以下以 $\Lambda_q^{\perp}(\boldsymbol{A})$ 为例，介绍格上高斯分布的基本概念和基本结论。首先给出 $\mathbb{R}^m$ 上以 $\sigma>0$ 为参数，$\boldsymbol{c}\in\mathbb{R}^m$ 为中心的离散高斯分布的密度函数

$$\rho_{\sigma,\boldsymbol{c}}(\boldsymbol{x})=\exp(\pi||\boldsymbol{x}-\boldsymbol{c}||^2/\sigma^2)$$

格 $\Lambda_q^{\perp}(\boldsymbol{A})$ 上的离散高斯分布的定义为

$$D_{\Lambda_q^{\perp}(\boldsymbol{A}),\sigma,\boldsymbol{c}}(\boldsymbol{x})=\frac{\rho_{\sigma,\boldsymbol{c}}(\boldsymbol{x})}{\rho_{\sigma,\boldsymbol{c}}(\Lambda_q^{\perp}(\boldsymbol{A}))}$$

由定义可知，离散高斯分布 $D_{\Lambda_q^{\perp}(\boldsymbol{A}),\sigma}(\boldsymbol{x})$ 可以看作从参数为 σ 的高斯分布中抽取向量 $\boldsymbol{x}\in\mathbb{R}^n$，而该向量恰好为格 $\Lambda_q^{\perp}(\boldsymbol{A})$ 上向量 $(\boldsymbol{x}\in\Lambda_q^{\perp}(\boldsymbol{A}))$ 的条件分布。特别的，当表示以 0 点为中心的高斯分布时，我们经常将 0 点省略。

我们引入格关于参数 $\epsilon>0$ 的光滑参数的概念 [32]。

定义 2.12　给定一个 n 维格 Λ 和一个正有理数 $\epsilon>0$，光滑参数 $\eta_\epsilon(\Lambda)$ 定义为使 $\rho_{1/\sigma}(\Lambda^*\backslash\{0\})\leqslant\epsilon$ 成立的最小的正整数 σ。

对几乎所有的矩阵 $\boldsymbol{A}\in\mathbb{Z}_q^{n\times m}$ 和几乎所有的 ϵ，总有 $\eta_\epsilon(\Lambda_q^{\perp}(\boldsymbol{A}))\leqslant\omega(\sqrt{\log m})$ [38]。当高斯分布的高斯参数超过光滑参数时，格上高斯分布展现了许多良好的密码特性，而这些特性被广泛应用于密码设计环节。以下我们不加证明地给出这些与高斯分布、光滑参数相关的基本结论。

引理 2.4 [32]　设 Λ 为一个 n 维格，则对任意的 $\epsilon\in(0,1)$，$s>\eta_\epsilon(\Lambda)$，向量 $\boldsymbol{c}\in\mathbb{R}^n$，有

$$\rho_{s,c}(\Lambda)\in\left[\frac{1-\epsilon}{1+\epsilon}\right]\rho_s(\Lambda)$$

该引理说明，本质上看，当参数大于光滑参数时，高斯分布的基本形状不会因为格的传递而发生改变。

以下引理为当前大部分格基签名方案的正确性验证提供了理论依据。

引理 2.5 [32,38]　对任意格 Λ，$\boldsymbol{c}\in\mathrm{Span}(\Lambda)$，$\epsilon\in(0,1)$ 以及 $s>\eta_\epsilon(\Lambda)$，

$$\Pr_{\boldsymbol{x}\sim D_{\Lambda,s,\boldsymbol{c}}}[||\boldsymbol{x}-\boldsymbol{c}||>s\sqrt{n}]\leqslant\frac{1+\epsilon}{1-\epsilon}\times2^{-n}$$

当以参数 s 从离散高斯分布中抽样时，得到的样本以极大概率距离中心 $\boldsymbol{c}$ 的距离最多为 $s\sqrt{n}$。这保证了在进行高斯抽样时，得到的结果是以极大概率满足范数方面的一定要求。这条性质成为很多格基签名验证算法的设计基础。

引理 2.6 [46] 对任意 n 维格 Λ，$\boldsymbol{c} \in \mathbb{R}^n$，$\epsilon > 0$，$s > 2\eta_\epsilon(\Lambda)$ 以及任意格上向量 $\boldsymbol{x} \in \Lambda$，有

$$D_{\Lambda,s,\boldsymbol{c}} \leqslant \frac{1+\epsilon}{1-\epsilon}2^{-n}$$

若 $\epsilon < \dfrac{1}{3}$，则格上离散高斯分布 $D_{\Lambda,s,\boldsymbol{c}}$ 的最小熵至少是 $n-1$。

以上引理是 PSF 能够有效防止密钥信息泄露的理论保证，而且该引理被广泛应用于基于高斯抽样设计的数字签名方案的安全证明环节。

引理 2.7 设矩阵 $\boldsymbol{A} \in \mathbb{Z}_q^{n\times m}$ 的列生成 $\mathbb{Z}_q^n$，并且令 $\epsilon \in \left(0, \dfrac{1}{2}\right)$，$s \geqslant \eta_\epsilon(\Lambda^\perp(\boldsymbol{A}))$，则对 $\boldsymbol{e} \sim D_{\mathbb{Z}^m,s}$，$\boldsymbol{u} = \boldsymbol{Ae}(\text{mod } q)$ 所服从的分布统计接近 $\mathbb{Z}_q^n$ 上的均匀分布。

2.2 原像抽样函数

2008 年，Gentry 等人提出原像抽样函数 (PSF) 本质上是一个格上定义的陷门单向函数 $f_{\boldsymbol{A}}(\boldsymbol{s}) = \boldsymbol{As}(\text{mod } q)$，该函数陷门求逆的过程以一个按照高斯分布输出格点的抽样算法为核心算法。具体的，当我们以格 $\Lambda_q^\perp(\boldsymbol{A})$ 的陷门基作为高斯抽样算法的输入并设定适合的高斯参数时，高斯抽样算法能够输出一个距离高斯分布的中心“很近”的向量。从而函数 $f_{\boldsymbol{A}}(\boldsymbol{s}) = \boldsymbol{As}(\text{mod } q)$ 的定义域可以定义为向量范数较小的集合，以实现其陷门单向性。此时，格的陷门基可以作为 PSF 的陷门信息。以下简要介绍 PSF 算法及基于 PSF 的 GPV 签名方案，细节请参考文献 [38]。

2.2.1 高斯抽样算法

首先介绍一个能够以高斯分布输出整数的抽样算法，记作 Sample $\mathbb{Z}$。设 s 为高斯参数，c 为实数，n 为安全参数，Sample $\mathbb{Z}$ 算法的输出分布为以实数 c 为中心的高斯分布 $D_{\mathbb{Z},s,c}$。

算法： Sample $\mathbb{Z}$

输入： (s, c, n)。

(1) $x \in \mathbb{Z} \bigcap [c - st, c + st]$。

(2) 以概率 $\rho_s(x - c) \in (0, 1]$ 输出 x。

输出：x。

存在一个概率多项式时间算法，能够通过格的一组基向量依照高斯分布抽取格上向量。本书称此算法为高斯抽样算法，记作 Sample D。利用该算法可以在任意格 Λ 上按照高斯分布 $D_{\Lambda,s,\boldsymbol{c}}$ 进行抽样 (注意，找格的一组普通的基向量是容易的)。我们假设 Sample D 算法接入一个能够从 $D_{\mathbb{Z},s',c'}$ 进行抽样的 Sample $\mathbb{Z}$ 算法作为子程序。设 $\boldsymbol{B}$ 为一个 n 维格 Λ 的基，$s > 0$ 为高斯参数，$\boldsymbol{c}$ 为一个中心。

算法：　Sample D

输入：$\boldsymbol{B}$，$s > 0$，$\boldsymbol{c} \in \mathbb{R}^n$。

(1) 令 $\boldsymbol{v}_n \leftarrow 0, \boldsymbol{c}_n \leftarrow \boldsymbol{c}$，For $i \leftarrow n, n-1, \cdots, 1$，do:

① 令 $c_i' = \langle \boldsymbol{c}_i, \tilde{b}_i \rangle / \langle \tilde{\boldsymbol{b}}_i, \tilde{\boldsymbol{b}}_i \rangle$，$s_i' = s / ||\boldsymbol{b}_i|| > 0$。

② 选择 $z_i \sim D_{\mathbb{Z},s',c'}$。

③ $\boldsymbol{c}_{i-1} \leftarrow \boldsymbol{c}_i - z_i \boldsymbol{b}_i, \boldsymbol{v}_{i-1} \leftarrow \boldsymbol{v}_i - z_i \boldsymbol{b}_i$。

(2) 输出 $\boldsymbol{v}_0$。

输出：$\boldsymbol{v}_0$。

可以验证 Sample D 算法的输出服从高斯分布，并且 $\boldsymbol{v}_0$ 到中心的距离由格基 $\boldsymbol{B}$ 的 Gram-Schmit 正交向量的范数决定 [38]。从而容易想象，假如输入 Sample D 算法的基向量属于陷门基、具有较小的范数，则输出的向量 $\boldsymbol{v}_0$ 也应该与中心的距离较小。若没有陷门基的帮助，Sample D 无法输出中心附近的格向量。从而可以借助 Sample D 定义一个以陷门基为陷门信息的单向函数，这就是 PSF。

2.2.2　原像抽样函数

设 n 为安全参数，$q = \text{poly}(n), m \geqslant 5n \lg q$。

(1) 利用陷门抽样算法，输出一个随机均匀的矩阵 $\boldsymbol{A} \in \mathbb{Z}_q^{n\times m}$ 以及对应格 $\Lambda_q^{\perp}(\boldsymbol{A})$ 上的陷门基 $\boldsymbol{T}$，满足 $\|\boldsymbol{T}\| \leqslant O(n\log q)$。令高斯参数 $s > \|\tilde{\boldsymbol{T}}\|\omega(\sqrt{m})$。

(2) 矩阵 $\boldsymbol{A}$ 定义了一个陷门单向函数 $f(\boldsymbol{s}) = \boldsymbol{As}(\bmod\ q)$，$\boldsymbol{T}$ 为陷门。函数的定义域为 $D_n = \{\boldsymbol{e} \in \mathbb{Z}^m \mid \|\boldsymbol{e}\| \leqslant s\sqrt{m}\}$。对任给的向量 $\boldsymbol{u} \in \mathbb{Z}^n$，利用陷门可以求得 $\boldsymbol{u}$ 在 $f(\boldsymbol{s}) = \boldsymbol{As}(\bmod\ q)$ 下的原像。

算法： SamplePre$(\boldsymbol{A}, \boldsymbol{T}, s, \boldsymbol{u})$

输入： $\boldsymbol{A}$，$\boldsymbol{u} \in \mathbb{Z}^n$，$\boldsymbol{T}$，$s$。

(1) 计算 $\boldsymbol{t} \in \mathbb{Z}^m$：$\boldsymbol{At} = \boldsymbol{u}(\bmod\ q)$。

(2) 抽取 $\boldsymbol{v} \leftarrow \text{Sample}\,D(\boldsymbol{T}, s, -\boldsymbol{t})$，% $\boldsymbol{v} \sim D_{\Lambda_q^{\perp}(\boldsymbol{A}),s,-\boldsymbol{t}}$。

(3) 输出 $\boldsymbol{e} = \boldsymbol{t} + \boldsymbol{v}$。

输出： $\boldsymbol{e}$。

容易验证 $\boldsymbol{Ae} = \boldsymbol{At} + \boldsymbol{Av} = \boldsymbol{u}(\bmod\ q)$，且 $\|\boldsymbol{e}\| \leqslant s\sqrt{m}$。由引理 2.6 知，向量 $\boldsymbol{u}$ 在 $f(\boldsymbol{s}) = \boldsymbol{As}(\bmod\ q)$ 下的原像的最小熵至少为 $n-1$。

在原像抽样函数中，输入的基向量的范数决定了输出向量的尺寸。特别的，当我们选择一组陷门基作为基向量时，输出向量的范数能够达到较小的要求。从而，PSF 成为一个陷门单向函数，只有拥有陷门的人才能输出符合要求的向量 $\boldsymbol{u}$ 在 $f(\boldsymbol{s}) = \boldsymbol{As}(\bmod\ q)$ 下的原像。这就是第一个基于随机预言机模型的可证明安全的格基数字签名：GPV 数字签名方案。

2.2.3 GPV 数字签名

2008 年，Gentry 等人设计了一个随机预言机模型下可证安全的格基签名方案，本书称之为 GPV 签名。作为“hash and sign”方法设计格基签名的典型代表，GPV 签名一经提出就成为格上数字签名设计的重要工具。GPV 签名方案的参数同上述 PSF 的基本参数。设 $h(\cdot) : \{0,1\}^* \to \mathbb{Z}^n$ 为一个抗碰撞的安全哈希函数。

- 密钥生成：利用陷门抽样算法输出一个随机均匀的矩阵 $\boldsymbol{A} \in \mathbb{Z}_q^{n\times m}$ 以及对应格

$\Lambda_q^{\perp}(\boldsymbol{A})$ 上的陷门基 $\boldsymbol{T}$，则公钥为 $\boldsymbol{A}$，签名密钥为 $\boldsymbol{T}$。

- 签名：设消息为 $M \in \{0,1\}^*$，随机选择一个长度为 k 的比特串 r，计算 $h(M,r)$。令

$$\boldsymbol{e} \leftarrow \text{SamplePre}(\boldsymbol{A}, \boldsymbol{T}, s, h(M,r))$$

则消息的签名为 $(r, \boldsymbol{e})$。

- 验证：当且仅当 $\boldsymbol{A}\boldsymbol{e} = h(M,r) (\bmod\ q)$，$||\boldsymbol{e}|| \leqslant s\sqrt{m}$ 成立时接受签名。

说明：GPV 签名及原像抽样函数中原像的最小熵至少为 $\omega(\log n)$。这意味着，对于值域中的每一个向量 $\boldsymbol{y}$，都有约 $2^{\omega(\log n)}$ 个原像。因此，在使用原像抽样函数设计密码方案时，切忌对同一个向量给出两个不同的原像，那样将意味着陷门信息的泄露。该结论被广泛应用于本书的安全证明环节。2010 年，文献 [47] 通过并行运算大幅提升了原像抽样函数的实现效率。

原像抽样函数提出后就显示出了强大的设计功能，成为格密码设计一个非常有用的工具。原像抽样函数通过保证输出向量服从高斯分布，达到保护陷门基信息的目的，有效解决了早期格密码如 NTRU、GGH 等存在的陷门信息泄露的问题。另一个能够实现输出高斯分布进而保护陷门信息的方法是由 Lyubashevsky 提出的拒绝抽样技术。

利用原像抽样函数实现的方案设计中，安全证明是其中重要一环。在安全证明环节中，模拟者必须具有原像抽样的模拟能力，而对于不掌握陷门信息的模拟者而言，这是困难的。因此，直接基于原像抽样函数设计的方案大多基于随机预言机模型设计。即通过随机预言机实现对敌手“原像询问”时的完美模拟。为了摆脱设计方案时对随机预言机的依赖，2010 年起，原像抽样函数被陆续改进为几类格基代理算法，用于标准模型下格密码方案的设计。格基代理算法可以将一个带陷门基的格按照一定方式扩展为一个更大维数的格，同时生成该格的一组陷门基。不仅如此，新生成的格的陷门基完美地隐藏了原始格的陷门基。换句话说，利用新格的陷门基不能得到原来格上陷门基的任何信息。格基代理技术成为格上设计在标准模型下安全密码方案及格上身份基密码的一个重要工具。盆景树 (Bonsai Trees) 技术作为首次提出的格基代理算法，在格密码的设计中具有举足轻重的地位。

2.3 格基代理算法

2.3.1 盆景树算法

作为 PSF 算法的推广，盆景树算法事实上是一个分级陷门函数，在盆景树模型下以某个格 (一组基) 作为根节点可以生成一个更大维数的格作为下一级的枝节点，同时得到格的一组基 [45]。这种由“根”到“枝”的“生长”可以是无陷门的，即无指导生长 (Undirected Growth)，此时“盆景师”在分级过程中没有使用陷门，因此没有任何特权；也可以是有陷门时由“盆景师”控制盆景树的“生长”过程，而“生长”模式又不尽相同，包括控制生长 (Controlled Growth)、扩展控制 (Extending Control) 和随机控制 (Randoming Control)。而控制生长算法即本书前文所示的陷门抽样算法。

扩展控制算法在不增加范数的前提下将格 $\Lambda_q^{\perp}(\boldsymbol{A})$ 的一组基 $\boldsymbol{S}$ “扩展”为更大维数的格 $\Lambda_q^{\perp}(\boldsymbol{A}')$ 的基 $\boldsymbol{S}'$。从而利用扩展控制算法可以将一个格的陷门基“控制生长”为另一个更大维数格的陷门基。但是该算法不能保证 $\boldsymbol{S}$ 与 $\boldsymbol{S}'$ 是相互独立的。为此，我们需要随机控制算法来随机化扩展控制算法的输出基，以保证这种“扩展”的安全性。联合扩展控制和随机控制算法可以以一种安全的方式由一个格 Λ 的陷门基产生另一个与 Λ 相关的更大维数格的陷门基。所谓安全，是指获得大维数格的陷门基与格 Λ 的陷门基是相互独立的。本书在后续使用扩展控制算法时，总是输入陷门基。

本节以引理的方式描述扩展控制算法和随机控制算法。

引理 2.8 设 $\boldsymbol{S} \in \mathbb{Z}^{m\times m}$ 是 $\Lambda_q^{\perp}(\boldsymbol{A})$ 的任意一组基，其中 $\boldsymbol{A}$ 的列能够生成 $\mathbb{Z}_q^n$，矩阵 $\tilde{\boldsymbol{A}}$ 是任意的。s 为高斯参数，满足引理 2.6。存在一个确定的多项式时间算法 $\mathrm{ExtBasis}(\boldsymbol{S}, \boldsymbol{A}' = (\boldsymbol{A}||\tilde{\boldsymbol{A}}), s)$ 输出格 $\Lambda_q^{\perp}(\boldsymbol{A}')$ 的基 $\boldsymbol{S}'$，满足 $||\tilde{\boldsymbol{S}}|| = ||\tilde{\boldsymbol{S}}'||$。

事实上该算法可以很容易地实现。首先计算一个矩阵 $\boldsymbol{T}$，使得 $\boldsymbol{A}\boldsymbol{T} = \tilde{\boldsymbol{A}}$ 成立。令 $\boldsymbol{S}' = \begin{pmatrix} \boldsymbol{S} & \boldsymbol{T} \\ 0 & \boldsymbol{I} \end{pmatrix}$。进而，如果 $\boldsymbol{S}$ 是 $\Lambda_q^{\perp}(\boldsymbol{A})$ 的陷门基，则我们可以借助 PSF 计算矩阵 $\boldsymbol{T}$。

引理 2.9　设 $\boldsymbol{S}$ 是一个 m 维整数格 Λ 的基，参数 $s \geqslant ||\tilde{\boldsymbol{S}}||\omega(\sqrt{\log n})$，则存在一个 PPT 算法 RandBasis$(\boldsymbol{S}, s)$，输出格 Λ 的基 $\boldsymbol{S}'$ 使得 $||\boldsymbol{S}'|| \leqslant s\sqrt{m}$。而且，对于同一个格的任意两个基 $\boldsymbol{S}_0, \boldsymbol{S}_1$ 以及任意一个参数 $s \geqslant \max\{||\tilde{\boldsymbol{S}}_0||, ||\tilde{\boldsymbol{S}}_1||\}\omega(\sqrt{\log n})$，RandBasis$(\boldsymbol{S}_0, s)$ 和 RandBasis$(\boldsymbol{S}_1, s)$ 的统计距离是一个可忽略的量。

算法： RandBasis$(\boldsymbol{S}, s)$

输入： $\boldsymbol{S}$，$s \geqslant ||\tilde{\boldsymbol{S}}||\omega(\sqrt{\log n})$。

对 $i = 0$ to m，执行：

(1) $\boldsymbol{v} \leftarrow$ Sample $D(\boldsymbol{S}, s)$；

(2) 假如 $\boldsymbol{v}$ 与向量组 $\boldsymbol{v}_1, \boldsymbol{v}_2, \cdots, \boldsymbol{v}_{i-1}$ 线性无关，令 $\boldsymbol{v}_i = \boldsymbol{v}$，$i = i + 1$；

(3) 若不然，重复执行步骤 (1)；

(4) $\boldsymbol{V} = (\boldsymbol{v}_1, \boldsymbol{v}_2, \cdots, \boldsymbol{v}_m)$。

输出： $\boldsymbol{S}' = \text{Tobasis}\,(\boldsymbol{V}, \text{HNF}(\boldsymbol{S}))$。

2.3.2　盆景树签名

盆景树算法的两个主要应用是设计格基 HIBE 和标准模型下的格基签名，本节以基于盆景树的数字签名方案为例介绍盆景树算法的应用。

- 参数选择：设安全参数 n，$m = O(n \log q)$，$\tilde{L} = O(\sqrt{n \log q})$，消息长度为 k，$m' = m(k+1)$，$s = \tilde{L}\omega(\log n)$。

- 密钥生成：由引理 2.1，生成一个接近均匀的矩阵 $\boldsymbol{A}_0 \in \mathbb{Z}_q^{n \times m}$ 以及格 $\Lambda_q^{\perp}(\boldsymbol{A}_0)$ 的基 $\boldsymbol{S}_0$ 满足 $||\tilde{\boldsymbol{S}}_0|| \leqslant \tilde{L}$。选择随机均匀的矩阵 $\boldsymbol{A}_j^{(b)} \in \mathbb{Z}_q^{n \times m}$，其中 $j \in [k]$， $b \in \{0, 1\}$。验证公钥 $\text{vk} = (\boldsymbol{A}_0, \{\boldsymbol{A}_j^{(b)}\})$，私钥为 $\text{sk} = \boldsymbol{S}_0$。

- 签名：设消息为 $\mu = (\mu_1, \cdots, \mu_k) \in \{0, 1\}^k$，令 $\boldsymbol{A}_\mu = (\boldsymbol{A}_0||\boldsymbol{A}_1^{(\mu_1)}||\cdots||\boldsymbol{A}_k^{(\mu_k)})$。

$$\boldsymbol{v} \leftarrow \text{Sample}\,D(\text{ExBasis}\,(\boldsymbol{S}_0, \boldsymbol{A}_\mu), 0, s)$$

- 验证：如果 $\boldsymbol{v} \neq 0$，$||\boldsymbol{v}|| \leqslant s\sqrt{m'}$，且 $\boldsymbol{A}_\mu \boldsymbol{v} = 0(\text{mod } q)$，则接受签名；否则，拒绝签名。

2.3.3 固定维数的格基代理算法

盆景树算法在提供强大设计能力的同时，其自身的弊端也显而易见。为了实现格的“生长”，一组庞大的矩阵必须实现级联，这导致公钥、签名的空间效率低下。为了改进格基代理算法的效率，后续的，密码学家分别提出了实现较少格维数增加的、具有“左右抽样”功能的格基代理技术 [41] 和不需要增加格的维数，即在固定维数上实现格的“生长”的格基代理技术 [42]。这些格基代理技术为格密码效率的提升提供了工具支持。我们介绍固定维数的格基代理算法如下：首先介绍一类小范数的矩阵 $\boldsymbol{R}$。

若 $\boldsymbol{R}(\bmod q) \in \mathbb{Z}_q^{m\times m}$ 是可逆的，则 $\boldsymbol{R}$ 称作在 $\mathbb{Z}^{m\times m}$ 上是 $\mathbb{Z}_q$ 可逆的。设 σ 为 $D_{\mathbb{Z}^m,\sigma}^m$ 的高斯参数，若一个矩阵是 $\mathbb{Z}_q$ 可逆的，且服从 $D_{\mathbb{Z}^m,\sigma}^m$ 分布，则我们称该矩阵服从 $\mathcal{D}_{m\times m}$ 分布。从而对适合的参数，矩阵服从分布 $\mathcal{D}_{m\times m}$ 时将以极大概率具有较小范数。

引理 2.10 令 $m > 2n\log q$，$q > 2$。除至多 q^{-n} 部分外，对几乎所有的 n 维矩阵 $\boldsymbol{A} \in \mathbb{Z}_q^{n\times m}$，存在一个 PPT 算法输出一个矩阵 $\boldsymbol{R} \in \mathbb{Z}^{m\times m}$ 统计接近分布 $\mathcal{D}_{m\times m}$。进一步的，给定格 $\Lambda_q^{\perp}(\boldsymbol{A})$ 的一个陷门基 $\boldsymbol{T}$ 以及一个矩阵 $\boldsymbol{R}$，存在一个 PPT 算法 $\mathrm{BasisDel}(\boldsymbol{A},\boldsymbol{R},\boldsymbol{T},\sigma)$，输出 $\Lambda_q^{\perp}(\boldsymbol{A}\boldsymbol{R}^{-1})$ 的一个陷门基 $\boldsymbol{T}_{\mathrm{B}}$，以极大概率满足：$\|\widetilde{\boldsymbol{T}_{\mathrm{B}}}\| \leqslant \sigma/\omega(\log q)$。

证明： 该引理的证明细节见文献。本书仅仅不加说明地给出引理中定义的两个 PPT 算法。

令格 $\Lambda_q^{\perp}(\boldsymbol{A})$ 的陷门基为 $\boldsymbol{T}$，σ_{R} 为高斯参数。

算法： 小矩阵生成

输入： $\Lambda_q^{\perp}(\boldsymbol{A})$，$\boldsymbol{T}$，$\sigma_{\mathrm{R}}$。

(1) 对 $i=1$ 到 m，执行：$\boldsymbol{r}_i \leftarrow \mathrm{Pre\ Sample}(\mathbb{Z},\boldsymbol{T},\sigma_{\mathrm{R}},0)$。

(2) 若该向量在 $\mathbb{Z}^{m\times m}$ 上可逆，输出 $\boldsymbol{R}=(\boldsymbol{r}_1,\boldsymbol{r}_2,\cdots,\boldsymbol{r}_m)$；否则，重复步骤 (1)。

输出： $\boldsymbol{R} \in \mathbb{Z}^{m\times m}$。

算法： 陷门基生成

输入： $(\boldsymbol{A},\boldsymbol{T},\boldsymbol{R},\sigma)$。

(1) $\boldsymbol{T}_B^{'} = \boldsymbol{RT}$；

(2) 变形 $\boldsymbol{T}_B^{'}$ 为 $\Lambda_q^{\perp}(\boldsymbol{AR}^{-1})$ 上的基 $\boldsymbol{T}_B^{''}$；

(3) 利用 RandBasis 算法将 $\boldsymbol{T}_{\mathrm{B}}^{''}$ 变为 $\boldsymbol{T}_{\mathrm{B}}$。

输出：$\boldsymbol{T}_{\mathrm{B}}$。 □

2.4 其他密码工具

2.4.1 Lyubashevsky 的哈希函数

Lyubashevsky 等人在文献 [48] 中定义了一个安全的哈希函数族，其安全性是基于平均状态下的近似 SVP。该哈希函数族满足向量加法和数乘运算的同态性。接下来，我们介绍这一由 $\mathbb{Z}_q^m$ 映射到 $\mathbb{Z}_q$ 的哈希函数族，这种同态性为后续同态签名方案的设计提供了工具支持。令 $\alpha \in \mathbb{Z}_q^m$，则哈希函数的输入为向量 $\boldsymbol{v} \in \mathbb{Z}_q^m$，输出为 $(\alpha, \boldsymbol{v}) \in \mathbb{Z}_q$，记作 $h_\alpha(\boldsymbol{v}) = (\alpha, \boldsymbol{v})$。

对任意向量 $\boldsymbol{v}, \boldsymbol{e} \in \mathbb{Z}_q^m$ 和数 $c \in \mathbb{Z}_q$，有下式成立：

① $h_\alpha(\boldsymbol{v}+\boldsymbol{e}) = h_\alpha(\boldsymbol{v}) + h_\alpha(\boldsymbol{e}) (\mathrm{mod}\ q)$

② $h_\alpha(c\boldsymbol{v}) = ch_\alpha(\boldsymbol{v})$

2.4.2 Gentry 的加密方案

Gentry 等人基于 LWE 设计了一个能够实现 CPA 安全的公钥加密方案 [29]，其明文–密文扩展因子仅为 $\log q$，具有小的密文扩展。

作者认为 Gentry 加密方案实现了加密算法与 LWE 问题的高度"契合"，不仅提高了格基加密的实现效率，也为格基加密的安全证明提供了便利条件。Gentry 的加密方案介绍如下。

• 密钥生成：由陷门抽样算法生成接近均匀随机的矩阵 $\boldsymbol{A} \in \mathbb{Z}_q^{n\times m}$ 以及 $\Lambda_q^{\perp}(\boldsymbol{A})$ 的陷门基 $\boldsymbol{T}$。$\boldsymbol{A}$ 为公钥，$\boldsymbol{T}$ 为密钥。

- 加密：设消息 $\boldsymbol{M} \in \mathbb{Z}_2^{m\times m}$，选择一个随机矩阵 $\boldsymbol{S} \in \mathbb{Z}_q^{n\times m}$ 和一个“差错矩阵” $\boldsymbol{X} \in \mathbb{Z}_q^{m\times m}$ 服从分布 $\bar{\Phi}_\alpha^{m\times m}$。输出密文 $\boldsymbol{C} = \boldsymbol{A}^{\mathrm{T}}\boldsymbol{S} + 2\boldsymbol{X} + \boldsymbol{M} (\mathrm{mod}\ q)$。
- 解密：计算 $\boldsymbol{E} = \boldsymbol{T}^{\mathrm{T}}\boldsymbol{C} (\mathrm{mod}\ q)$，输出 $\boldsymbol{M} = \boldsymbol{T}^{-\mathrm{T}}\boldsymbol{E} (\mathrm{mod}\ 2)$。

2.5 本章小结

作为本书后续章节的理论基础，本章首先简要介绍了格的相关概念，并介绍了几类格上的困难问题及其复杂度。随后介绍了几类应用广泛的格基密码设计工具和重要的密码方案，包括原像抽样函数、盆景树算法、固定维数的格基代理、一类格基哈希函数及 Gentry 构造的基于 LWE 问题的公钥加密方案。本书随后的章节将在这些格基密码原语的基础上开展设计工作。格理论博大而精深，而近年来格公钥密码发展快速，加之作者水平所限，本章所介绍的内容远不能做到详尽而全面，要更详尽地了解格理论可以参考由 D. Micciancio 和 S. Goldwasser 编著的*Complexity of Lattice Problems*一书。相关算法的实现可以借鉴文献 [49]，而格公钥密码更新、更全面的进展应参考近几年 STOC 年会、FOCS 年会和三大密码年会 (美密会、欧密会、亚密会) 的相关文献。

第3章　格上身份基数字签名的设计

本章研究格基身份签名 (Identity-based Signature, IBS) 的构造及其安全证明理论。基于格密码工具构造了两个高效的数字签名方案，第一个方案是基于 PSF 设计的随机预言机模型下基于身份的数字签名方案。该方案是首次直接利用 PSF 实现 IBS 的设计，由于未引起格维数的扩张，从而实现了较高的空间效率。第二个方案是基于标准模型设计的高效格基 IBS 方案。为了提高方案的效率，3.4 节首先给出了一个盆景树签名的改进方案，实现公钥长度、签名长度的较大缩减。进而，3.5 节将改进的盆景树签名方案 (3.4 节方案) 变型为一个标准模型下的格基 IBS 方案，实现了 IBS 方案公钥尺寸和签名尺寸的压缩。

3.1　引　　言

基于身份的密码 (Identity-based Cryptography) 利用用户的身份信息 (如 E-mail、电话号码等) 作为公钥 [50]。在这样的密码系统中由一个私钥生成中心 (Private Key Generator, PKG) 通过族密钥为每位用户计算私钥并分发。由于基于身份的密码系统可以避免像传统公钥基础设施那样依赖于证书，自基于身份的密码提出以来，已经引起各国密码学家的重视。第一个有效的、可证明安全的基于身份的加密方案 (IBE) 在 2001 年被提出 [51,52]。目前，已经提出了大量的 IBE 方案[53−55] 以及直接构造的基于身份的签名 (IBS) 方案[56−58]，而这些方案主要是利用双线性对或者基于二次剩余问题设计的。

格上 IBS 的主要设计途径是借助盆景树等存在维数扩展的抽样技术设计分级 IBS 方案并证明其安全性 [45]。然而签名格维数的扩展将大大增加签名的长度，影响格基 IBS 的效率。因此，直接基于无维数扩展的抽样 (PSF) 技术设计 IBS 可以大大提高签名的效率。

目前，基于 PSF 直接设计 IBS 的主要障碍在于，仅依靠 PSF 无法在不扩展维数的前提下实现签名密钥的提取，这使得直接基于 PSF 设计 IBS 的工作一度停滞不前。此外，如何寻找有效的设计技巧降低盆景树等抽样算法在密钥提取和签名中维数的扩展程度，以提高标准模型下可证安全的格基 IBS 方案的效率，对格基 IBS 方案的研究也具有积极意义。

为了设计直接基于 PSF 的格基 IBS 方案，本章首先借助 Lyubashevsky 提出的一个无须陷门基作为签名密钥的格基签名方案，设计了一个直接基于 PSF 的、随机预言机模型下安全的 IBS 方案。为了进一步得到标准模型下可证明安全的、高效的 IBS 方案，3.4 节首先给出了盆景树签名的一个改进方案，以缩减其公钥长度和签名长度。进而在 3.5 节将改进的盆景树签名变型为一个格基 IBS 方案，从而有效缩短了 IBS 方案的公钥长度和签名长度。

3.2 形式化定义

以下首先给出数字签名和基于身份的数字签名的形式化定义及安全模型。

定义 3.1 一个数字签名方案由以下三个多项式时间算法构成。

- 密钥生成 (KeyGen)：算法输出验证密钥 vk 和签名密钥 sk。
- 签名算法 (Sign)：给定 sk 以及一个消息 μ，输出一个签名 σ。
- 验证算法 (Vrf)：给定验证密钥 vk、消息 μ 以及消息的签名 σ，若该消息的签名合法则接受签名；否则拒绝签名。

数字签名在标准模型下的存在性不可伪造性可以由以下挑战者与敌手间的交互式游戏来定义，在此过程中，敌手被允许进行签名询问。

建立：挑战者运行 KeyGen 算法生成 vk 和 sk，并将 vk 发送给敌手。

签名询问：敌手适应性地选择消息，并对该消息进行签名询问。而挑战者则运行签名算法生成该消息的签名，并将该签名返回给敌手。

在游戏结束时敌手输出一个消息及其签名对 (μ^*, σ^*)，如果 (μ^*) 从未在签名询问阶段执行签名询问，且该消息签名对可以通过验证算法，则宣布敌手获胜。

敌手在以上游戏中的优势定义为敌手获胜的概率。

定义 3.2　如果对任意多项式时间敌手赢得上述游戏的优势是可忽略的，则称一个签名方案在适应性选择消息攻击下是存在性不可伪造的。

如果要求敌手应该在挑战者输出签名方案的验证密钥和签名密钥前输出将要执行签名询问的消息集合，其他过程不变，则对应的敌手为一个静态敌手。相应的，我们有签名方案在静态选择消息攻击下的存在性不可伪造的定义。

定义 3.3　一个基于身份的签名方案 (IBS) 由以下 4 个算法构成。

• 系统建立：密钥生成中心 (PKG) 运行该算法生成方案的安全参数以及 PKG 的族公钥和族密钥。

• 密钥提取：给定身份信息 ID、族密钥和族公钥，该算法生成身份 ID 对应的密钥 $\mathrm{sk}_{\mathrm{ID}}$。PKG 将这些密钥由一个安全信道发送给各个用户。

• 签名：给定消息 μ、身份 ID、签名密钥 $\mathrm{sk}_{\mathrm{ID}}$ 以及族公钥，该算法生成身份 ID 对消息 μ 的签名 σ。

• 验证：给定一个消息及其签名 (μ,σ) 以及身份 ID 和族公钥，假如签名是合法的，则该算法输出“1”，否则输出“0”。

IBS 方案在适用性选择消息和身份攻击下的不可伪造性可以借助以下挑战者 $\mathcal{C}$ 和敌手 $\mathcal{A}$ 间的游戏来定义。

• 系统建立：挑战者运行系统建立算法得到族公钥和族密钥，并将族公钥发送给敌手。而族密钥则由挑战者持有。

• 询问：敌手可以向挑战者适应性地进行以下询问。

—密钥提取询问：敌手 $\mathcal{A}$ 可以对任何身份 ID 进行密钥提取询问。挑战者 $\mathcal{C}$ 运行密钥提取算法生成身份对应的密钥，并将密钥发送给敌手。

—签名询问：敌手可以适应性地选择消息以及身份 ID，并从挑战者处获得该身份对消息 μ_i 的签名 σ_i。挑战者首先运行密钥提取算法获得身份 ID 对应的签名密钥，然后运行 Sign 算法获得该消息的签名，从而完成签名询问的回答。

- 伪造：敌手 $\mathcal{A}$ 完成所有询问后输出消息 μ^*、身份 ID^* 的伪造签名 σ^*。

敌手 $\mathcal{A}$ 赢得以上的游戏，假如：

(1) 伪造签名 σ^* 能够被 Verify 算法接受；

(2) 敌手从未对 ID^* 进行过密钥提取询问；

(3) 对任意的 i 有 $(\mu_i, \mathrm{ID}_i) \neq (\mu^*, \mathrm{ID}^*)$ 成立。

敌手 $\mathcal{A}$ 在上述游戏中的优势定义为敌手成功输出伪造的概率。

定义 3.4 假如任意 PPT 敌手在上述游戏中的优势是可忽略的，则该 IBS 方案在适应性选择消息身份攻击下是不可伪造的。

如果考虑静态选择消息和选择身份攻击下的不可伪造性，以上攻击游戏需做以下修改：

(1) 敌手在挑战者生成族公钥之前应该输出要挑战的身份；

(2) 敌手在挑战者生成族公钥之前应该输出将要进行签名询问的消息集合 (该消息集合依然是可以随机选择的，不过必须在挑战者建立系统参数之前选定)。

3.3 随机预言机模型下的身份签名方案

在设计身份基签名方案时，很重要的一个环节是密钥提取算法的设计。利用陷门基工具设计数字签名算法时，密钥提取中心为用户分配的密钥必须是相应格的一组陷门基。实现这一目标最常见的工具是格基代理算法。密钥提取中心利用自己的陷门格通过代理技术为用户生成一个与身份匹配的格及其陷门基。格代理技术的应用引起格维数的扩展，带来签名长度过大和计算效率降低等不足。Lyubashevsky 的无陷门签名 [59] 的提出为格上数字签名的设计提供了一个新方向、新选择。

虽然无陷门签名是为了规避陷门基的使用、提高相应数字签名的实现效率提出的，但作者发现将无陷门签名与陷门基结合恰恰可以实现不依赖格扩展的身份基签名设计。即格基陷门基用于密钥提取，而无陷门签名则用于身份基签名的设计。两种直接设计工具的简单组合即可实现随机预言机模型下身份基数字签名的设计。

本节我们联合原像抽样函数和 Lyubashevsky 的无陷门签名 [59] 来设计一个随机预言机模型下的身份签名方案，该方案满足适应性选择消息和身份攻击下的不可伪造性。由于密钥提取和签名过程中均未引起签名格维数的扩展，该方案实现了较高的空间效率。作为示例，希望以此提升读者对格基数字签名设计的理解和掌握。

3.3.1　方案描述

1. 系统建立

令 n 为安全参数。参数 $m = 2n\log q$，$q = \mathrm{poly}(n)$。定义两个安全的哈希函数 H_1 和 H_2，满足 $H_1: \{0,1\}^* \longrightarrow \mathbb{Z}_q^{n\times m}$，$H_2: \mathbb{Z}_q^n \times \{0,1\}^* \longrightarrow \{-1,0,1\}^m$。定义参数限 $\widetilde{L} \geqslant O(\sqrt{n\log q})$ 以及一个高斯参数 $s = \widetilde{L}\omega(\sqrt{\log n})$。在该方案中身份空间和消息空间均来自 $\{0,1\}^*$。

由文献 [11, 39, 60] 可知，PKG 生成族公钥矩阵 $\boldsymbol{A} \in \mathbb{Z}_q^{n\times m}$ 和族密钥矩阵 $\boldsymbol{T} \in \mathbb{Z}_q^{m\times m}$，满足：

$$||\tilde{\boldsymbol{T}}|| \leqslant \tilde{L}, \boldsymbol{AT} = 0(\mathrm{mod}\ q)$$

2. 密钥提取

给定用户 U_i 的身份信息 ID_i，PKG 计算该身份对应的密钥 $\boldsymbol{S}_i$。

(1) 计算 $H_1(\mathrm{ID}_i) \in \mathbb{Z}_q^{n\times m}$ 作为身份 ID_i 的公钥。记 $H_1(\mathrm{ID}_i) = (\boldsymbol{h}_1, \boldsymbol{h}_2, \cdots, \boldsymbol{h}_m)$，其中 $\boldsymbol{h}_j \in \mathbb{Z}_q^n$，$j = 1, 2, \cdots, m$。

(2) 对 $j = 1, 2, \cdots, m$，运行原像抽样函数：

$$\boldsymbol{s}_j \leftarrow \mathrm{SamplePre}(\boldsymbol{T}, \boldsymbol{A}, \boldsymbol{h}_j, s)$$

假如 $\boldsymbol{s}_1, \boldsymbol{s}_2, \cdots, \boldsymbol{s}_{j-1}, \boldsymbol{s}_j$ 线性无关，则输出 $\boldsymbol{s}_j$；若不然，重新抽取 $\boldsymbol{s}_j$ 直到得到满意的输出。从而，PKG 生成了 m 个线性无关的向量 $\boldsymbol{s}_1, \boldsymbol{s}_2, \cdots, \boldsymbol{s}_m$，令

$$\boldsymbol{S}_i = (\boldsymbol{s}_1||\boldsymbol{s}_2||\cdots||\boldsymbol{s}_m)$$

作为该身份的签名密钥。

3. 签名

令 $\mu \in \{0,1\}^*$ 为消息，则该消息在身份 ID_i 下的签名可以如下生成。

(1) 在离散高斯分布 D_s^m 中选择一个向量 $\boldsymbol{y}$；

(2) 计算

$$c = H_2(\boldsymbol{Ay} \bmod q, \mu), \boldsymbol{z} = \boldsymbol{S}_i c + \boldsymbol{y}$$

(3) 以概率 $\min\left(\dfrac{D_s^m}{MD_{S_ic,s}^m}, 1\right)$ 输出 $(\boldsymbol{z}, c)$ 作为消息的签名，其中 M 为一个常数 $O(1) = \mathrm{e}^{12\tilde{L}/s+\tilde{L}^2/s^2}$ (见 Theorem 4.4 [59])。

4. 验证

给定一个消息为 μ 签名身份为 ID_i 的签名 $(c, \boldsymbol{z})$，接受签名当且仅当:

$$||\boldsymbol{z}|| \leqslant 2s\sqrt{m}, c = H_2(\boldsymbol{Az} - H_1(\mathrm{ID}_i)c, \mu)$$

3.3.2 方案分析

1. 正确性

首先，方案的安全参数已经取定为满足 PSF 需要的参数，从而 Sample D 算法在本方案中可以正确运行。其次，为了得到直接基于 PSF 的 IBS 方案，我们将 Lyubashevsky 签名方案 [59] 的密钥尺寸由 $m \times k$ 扩展到了 $m \times m$。另外，Lyubashevsky 签名方案的密钥矩阵是一个属于 $(-d, \cdots, 0, \cdots, d)^{m \times k}$ 的随机矩阵，而我们的方案中的密钥是一个近似服从 $D_s^{m \times m}$ 的高斯分布的抽样输出。

因此，如果可以证明我们的方案中签名密钥 $\boldsymbol{T}$ 的范数以极大概率接近 Lyubashevsky 方案中密钥 $\boldsymbol{T}'$ 的范数，则 Lyubashevsky 签名方案的正确性几乎无须修改即可说明本方案的正确性。注意，$||\boldsymbol{T}||$ 严格以 $s\sqrt{m}$ 为界，而 $||\boldsymbol{T}'||$ 则以 $\sqrt{\dfrac{md(d+1)}{3}}$ 为界。从而如果取 $s \approx \sqrt{\dfrac{d(d+1)}{3}}$，则 PSF 的输出矩阵足以充当 Lyubashevsky 签名的合法签名密钥。正

确性得证。

2. 安全证明

定理 3.1　给定参数 (n,m,q,s)，假如 SIS 问题 $\mathrm{SIS}_{(n,m,q,2s\sqrt{m})}$ 是困难的并且将方案中使用的哈希函数视作随机预言机，则提出的方案在适应性选择消息、身份攻击下满足不可伪造性。

证明：若存在一个敌手 $\mathcal{A}$ 通过 q_1 次 H_1 询问、q_2 次 H_2 询问和 q_3 次签名询问能够以不可忽略的概率打破方案的不可伪造性，则可以构造一个挑战者 $\mathcal{C}$ 能够以概率 $(1-2^{-\omega(\log n)})\epsilon$ 求解 SIS 问题。

假设挑战者收到一个 SIS 问题的实例 $\mathrm{SIS}_{(n,m,q,2s\sqrt{m})}=(\boldsymbol{A}\in\mathbb{Z}_q^{n\times m},n,m,q,s)$，$\mathcal{C}$ 希望得到一个小的向量 $\boldsymbol{v}\in\mathbb{Z}_q^m$，满足

$$\boldsymbol{A}\boldsymbol{v}=0(\mathrm{mod}\ q),||\boldsymbol{v}||\leqslant 2s\sqrt{m}$$

挑战者 $\mathcal{C}$ 发送 $\boldsymbol{A}$ 给 $\mathcal{A}$ 作为族公钥，(n,m,q,s) 作为系统参数。不失一般性，我们假设敌手 $\mathcal{A}$ 对身份 ID 至多询问 $H_1(\mathrm{ID})$ 预言机和密钥提取预言机 Extract(ID) 一次，并且假设所有的哈希函数值都是由挑战者生成的。

(1) H_1 询问。对身份 ID_i，$\mathcal{C}$ 首先检查列表 L_1，若该身份在列表中存在，则返回相应的 hash 值。否则，首先按照 $D_s^{m\times m}$ 分布选择随机矩阵 $\boldsymbol{S}_i$ 并计算 $H_1(\mathrm{ID}_i)=\boldsymbol{A}\boldsymbol{S}_i(\mathrm{mod}\ q)$ 作为本次询问的回复。最后，$\mathcal{C}$ 将 $(\mathrm{ID}_i,\boldsymbol{S}_i,H_1(\mathrm{ID}_i))$ 存储到 L_1。

(2) 密钥提取询问。给定身份 ID_i，$\mathcal{C}$ 首先从列表 L_1 中查找 ID_i，将相应的 $\boldsymbol{S}_i$ 作为身份 ID_i 的密钥。

(3) 签名询问。为了生成身份 ID_i 对消息 $\mu^{(j)}$ 的签名，$\mathcal{C}$ 随机选择向量 $\boldsymbol{y}_j$ 服从高斯分布 D_s^m。$\mathcal{C}$ 在列表 L_1 中找到 $(\mathrm{ID}_i,\boldsymbol{S}_i)$，进而计算

$$c_j=H_2(\boldsymbol{A}\boldsymbol{y}_j\ \mathrm{mod}\ q,\mu^{(j)}),\boldsymbol{z}_j=\boldsymbol{S}_ic_j+\boldsymbol{y}_j$$

发送 $(c_j,\boldsymbol{z}_j)$ 给 $\mathcal{A}$ 作为签名询问的应答。$\mathcal{C}$ 将 $(\mu^{(j)},\mathrm{ID}_i,\boldsymbol{y}_j,c_j,\boldsymbol{S}_i,\boldsymbol{z}_j)$ 存储到 L_2。

在验证签名前敌手被允许对消息 $\mu^{(j)}$ 进行 H_2 询问。

(4) H_2 询问。当 $\mathcal{A}$ 询问消息 $\mu^{(j)}$ 的 H_2 hash 值时，挑战者 $\mathcal{C}$ 从 L_2 列表中找到相应的 hash 值 c_j，并将其发送给敌手。

当敌手进行完所有询问并感到满意后，敌手 $\mathcal{A}$ 以概率 ϵ 输出消息 $\mu^{(j^*)}$ 在身份 ID_i 下的一个伪造签名 $(c'_{j^*}, \boldsymbol{z}'_{j^*})$。

挑战者 $\mathcal{C}$ 可以按照如下步骤解决 SIS 问题。

(1) $\mathcal{C}$ 从列表 L_2 中得到 c_{j^*}， $\boldsymbol{S}_{j^*}, \boldsymbol{y}_{j^*}$。

(2) 挑战者计算 $\boldsymbol{z}_{j^*} = \boldsymbol{S}_{j^*}c_{j^*} + \boldsymbol{y}_{j^*}$ 并验证

$$\boldsymbol{A}\boldsymbol{z}'_{j^*} - H_1(\mathrm{ID}_i)c_{j^*} = \boldsymbol{A}\boldsymbol{z}_{j^*} - H_1(\mathrm{ID}_i)c_{j^*} = \boldsymbol{A}\boldsymbol{y}_{j^*} (\mathrm{mod}\ q)$$

是否成立，若不成立，则挑战者将得到哈希函数 $H_2(\cdot)$ 的一个碰撞。

(3) 若 $\boldsymbol{z}_{j^*} \neq \boldsymbol{z}'_{j^*}$ 成立，则挑战者输出 $\boldsymbol{z}_{j^*} - \boldsymbol{z}'_{j^*}$ 作为 SIS 问题的一个解。

接下来分析挑战者解决 SIS 问题的优势。如上所述，挑战者对上述游戏的模拟是完美的，从而挑战者成功的条件有两个：一是敌手成功伪造了签名，二是 $\boldsymbol{z}_{j^*} \neq \boldsymbol{z}'_{j^*}$。由原像抽样函数的性质 [38] 可知，函数 $\boldsymbol{y} = \boldsymbol{A}\boldsymbol{s} (\mathrm{mod}\ q)$ 的原像的最小熵至少为 $\omega(\log n)$。因此挑战者解决 SIS 问题 $\mathrm{SIS}_{(n,m,q,2s\sqrt{m})}$ 的概率至少是 $(1 - 2^{-\omega(\log n)})\epsilon$。 □

3. 效率比较

将我们的基于身份的方案与直接基于 PSF 的 GPV 签名方案比较，发现我们的方案的空间效率接近文献 [38] 的空间效率。具体的，PKG 事实上是用文献 [38] 的 GPV 签名完成对身份的密钥提取，从而族公钥和族密钥的长度与 GPV 签名中的公钥和密钥的长度相当。在签名长度上，本节方案的签名长度是 $m \log q + m$， 而 GPV 签名方案 [38] 的签名长度为 $m \log q + k$， 其中 k 为哈希函数的输出长度。从而本节方案的签名长度会稍大于 GPV 签名的签名长度。这是因为为保证安全性，本节的参数 m 必须大于 $2n$，而文献 [38] 中方案的参数 k 则无须该限制。

3.4　标准模型下的格基签名方案

直接构造格上标准模型下安全的身份基签名是容易的。如前所述，只要借助格基代理技术完成密钥提取算法的设计，GPV 签名可以直接作为身份基签名的签名算法实现整个方案的设计。不过，这种设计方法会带来严重的效率问题。

众所周知，为了实现格维数的扩展，格基代理必须引入一组矩阵用于生成一个新的格及其陷门基。这增加了公钥的长度，而格维数的扩展则带来签名长度的增加。因此，要构造一个高效的、标准模型安全的身份基签名方案就必须设法缩减格基代理中随机矩阵的使用个数，以此提升方案的效率。

为了构造一个高效的、标准模型下可证明安全的格基身份方案，本节首先给出一个盆景树签名 [45] 的改进方案，以有效缩短盆景树签名的公钥长度和签名长度。通过引入一个新的公开矩阵的赋值算法，改进方案的公钥长度由盆景树签名的 $(2k+1)mn\log q$ 比特缩减为 $(k+1)mn\log q$ 比特，同时消息的签名长度也由原盆景树签名的 $(k+1)m\log q$ 比特缩减到 $(1+k/2)m\log q$ 比特。在下一节我们将该盆景树签名改进方案改造为一个具有较短的公钥长度和签名长度的、标准模型下可证明安全的身份签名方案。

说明：本节引入的公开矩阵赋值算法作为格基代理的配套改进算法，与格基代理算法结合能够在实现格基代理原始功能的前提下有效缩减新格的维数，从而大大提升方案设计时的效率。本书后续还要讨论以此方法为工具提升格基身份基加密算法的效率问题。

不过，新型公开矩阵赋值算法在安全证明环节中与方案其他环节的有效融合，实现安全证明过程中完美的签名、密钥提取模拟，才是本节的一个重点和难点，提醒读者关注该环节。事实上我们的新型设计思路对效率的提升是显著的，不过目前来看存在的一个不足是降低了方案的安全性，事实上所有使用该算法的方案都只能实现静态攻击下的可证明安全性。如何继续改进该方法以实现在适应性攻击下的可证明安全性，依然有待继续探究。

3.4.1 方案描述

1. 密钥生成

设 n 为方案的安全参数，c 为大于 1 的常数，

$$m = cn\log q, q = \beta\omega(\sqrt{n\log n}), \beta = \text{poly}(n), s = O(\sqrt{n\log q})\omega(\sqrt{\log n})$$

设 $h(\cdot): \{0,1\}^* \to \{0,1\}^k$ 为安全的哈希函数。由文献 [39] 可知，签名者得到矩阵 $\boldsymbol{A} \in \mathbb{Z}_q^{n\times m}$ 及格 $\Lambda_q^{\perp}(\boldsymbol{A})$ 上的陷门基 $\boldsymbol{T}$，随机、独立地生成 k 个矩阵 $\boldsymbol{A}_1, \boldsymbol{A}_2, \cdots, \boldsymbol{A}_k$，则签名公钥为 $(\boldsymbol{A}, \boldsymbol{A}_i)$，$i = 1, 2, \cdots, k$，$\boldsymbol{T}$ 为签名密钥，(n, m, q, s, k) 为系统参数。

注：作为一个要在标准模型下实现安全性的方案，本节使用哈希函数的目的只是为了实现消息到 $\{0,1\}^k$ 的变换。为便于讨论，本节假定哈希函数的输出是 0-1 均衡的。事实上我们方案的安全性完全不依赖哈希函数的随机性。因此，本节方案虽然使用了哈希函数，但方案却是在标准模型下证明安全的。

2. 签名

设消息为 $M \in \{0,1\}^*$，签名者执行以下操作。

(1) 计算 $\mu = (\mu[1], \mu[2], \cdots, \mu[k]) = h(M)$，其中 $\mu[i]$ 为第 i 个分量。

(2) 签名者首先利用 $\mu[i]$ 的值 (0 或 1) 决定是否选择矩阵 $\boldsymbol{A}_i$：若 $\mu[i] = 1$，则选择矩阵 $\boldsymbol{A}_i$；若 $\mu[i] = 0$，则放弃矩阵 $\boldsymbol{A}_i$。设利用以上原则一共选定了 k^* 个矩阵：$\boldsymbol{A}_{j_1}, \boldsymbol{A}_{j_2}, \cdots, \boldsymbol{A}_{j_{k^*}}$ (注：由于哈希函数的输出是均衡的，因此通常 $k^* = k/2$)。

将这 k^* 个矩阵与 $\boldsymbol{A}$ 依次级联得到一个新的矩阵

$$\boldsymbol{A}_\mu = \boldsymbol{A}||\boldsymbol{A}_{j_1}||\cdots||\boldsymbol{A}_{j_{k^*}}$$

(3) 按高斯分布 D_s^m 随机选择 k^* 个整数向量 $\boldsymbol{v}_{j_1}, \boldsymbol{v}_{j_2}, \cdots, \boldsymbol{v}_{j_{k^*}}$，则 $||\boldsymbol{v}_{j_i}|| \leqslant s\sqrt{m}$，$i = 1, 2, \cdots, k^*$。计算 $\sum \boldsymbol{A}_{j_i}\boldsymbol{v}_{j_i} (\text{mod } q)$。

(4) 计算 $\boldsymbol{v}_{j_0} \leftarrow \text{SamplePre}(\boldsymbol{T}, s, -\sum \boldsymbol{A}_{j_i}\boldsymbol{v}_{j_i} (\text{mod } q))$，记 $\boldsymbol{v} = (\boldsymbol{v}_{j_0}||\boldsymbol{v}_{j_1}||\cdots||\boldsymbol{v}_{j_{k^*}})$，则消息的签名为 $\boldsymbol{v}$。

3. 验证

验证者计算 $\mu = (\mu[1], \mu[2], \cdots, \mu[k]) = h(M)$，并利用 $\mu[i] = 1$ 或 $\mu[i] = 0$ 选择矩阵 $\boldsymbol{A}_i$（见签名过程第二步）。将选定的矩阵与矩阵 $\boldsymbol{A}$ 依次级联得到一个新的矩阵 $\boldsymbol{A}_\mu = \boldsymbol{A}||\boldsymbol{A}_{j_1}||\cdots||\boldsymbol{A}_{j_{k^*}}$，其中 k^* 为 μ 的汉明重量。验证 $\boldsymbol{A}_\mu \boldsymbol{v} = 0(\mathrm{mod}\ q)$，$||\boldsymbol{v}|| \leqslant s\sqrt{(k^*+1)m}$。通过以上验证，则接受签名，否则拒绝该签名。

3.4.2　方案分析

1. 正确性

证明： 由签名算法知，向量 $\boldsymbol{v}_{j_0}$ 是 PSF 的输出，近似服从高斯分布，且

$$\boldsymbol{A}\boldsymbol{v}_{j_0} = -\sum \boldsymbol{A}_{j_i}\boldsymbol{v}_{j_i}(\mathrm{mod}\ q)$$

即 $\boldsymbol{A}_\mu \boldsymbol{v} = 0$。另外，$\boldsymbol{v}_{j_0}$ 是 PSF 的输出，$||\boldsymbol{v}_{j_0}|| \leqslant s\sqrt{m}$ 以至少 $1 - 2^{-n}$ 的概率成立。又因为 $||\boldsymbol{v}_{j_i}|| \leqslant s\sqrt{m}$ 对任意 $i = 1, 2, \cdots, k^*$ 成立，从而 $||\boldsymbol{v}|| \leqslant s\sqrt{(k^*+1)m}$。因此一个合法签名以极大概率能够被验证算法接受。 □

2. 存在性不可伪造性

定理 3.2　假设存在概率多项式时间的静态选择消息攻击者（敌手）$\mathcal{A}$ 经过 Q 次签名询问后能够以不可忽略的概率 ϵ 伪造一个“合法”签名，则可以构造一个算法 $\mathcal{B}$ 以近似概率 ϵ/kQ 解决 SIS 问题，其中 k 为哈希函数的输出长度。

证明： 假设算法 $\mathcal{B}$ 得到一个 SIS 问题的实例 $(\bar{\boldsymbol{A}}, s, (k+1)m, q)$，其中

$$\bar{\boldsymbol{A}} = (\bar{\boldsymbol{A}}_0, \cdots, \bar{\boldsymbol{A}}_k), \bar{\boldsymbol{A}}_i \in \mathbb{Z}_q^{n\times m}, i = 0, 2, \cdots, k$$

$\mathcal{B}$ 希望得到一个范数小于等于 $2s\sqrt{(k+1)m}$ 的向量 $\boldsymbol{v}$ 满足 $\bar{\boldsymbol{A}}\boldsymbol{v} = 0(\mathrm{mod}\ q)$。为此，算法 $\mathcal{B}$ 充当模拟者以 $\mathcal{A}$ 为子程序求解 SIS 问题。

假设 $\mathcal{A}$ 已经获得了 Q 个真实的 hash 值 $\mu_1, \mu_2, \cdots, \mu_Q$。$\mathcal{B}$ 计算比特串 p 的集合 P，p 取不是任何 $\mu_1, \mu_2, \cdots, \mu_Q$ 前缀的最小的比特串，则 $|p| \leqslant k$ (由文献 [45]，这样的集合可

以在多项式时间内计算得到，且集合 P 中至多有 kQ 个元素)。算法 $\mathcal{B}$ 在集合 P 中任意取一个 p，设 p 中一共有 t 个位置为 1，分别用 $t_1,\cdots,t_t$ 表示为 1 的位置。则算法 $\mathcal{B}$ 进行如下操作生成公钥。

(1) 随机抽取 $|p|-t$ 个陷门格 $\Lambda_q^{\perp}(\boldsymbol{B}_j)$ 及其陷门基 $\boldsymbol{T}_j \in \mathbb{Z}_q^{m\times m}$，其中 $\boldsymbol{B}_j \in \mathbb{Z}_q^{n\times m}$，$j<|p|$ 且 $j \neq t_i, i=1,2,\cdots,t$。并令 $\boldsymbol{A}=\bar{\boldsymbol{A}}_0$。

(2) 当 $i<|p|$ 时，令 $\boldsymbol{A}_{t_i}=\bar{\boldsymbol{A}}_{t_i}$，其中 $0<t_1,t_2,\cdots,t_t<|p|$ 且 $p_{t_i}=1$。其他位置按照下标的顺序依次定义 $\boldsymbol{A}_j=\boldsymbol{B}_j$。

当 $i>|p|$ 时，依次令 $\boldsymbol{A}_i=\bar{\boldsymbol{A}}_i$。

从而公钥为 $\boldsymbol{A},\boldsymbol{A}_1,\cdots,\boldsymbol{A}_k$。$\mathcal{B}$ 将公钥连同公开参数 n,m,q,s,k 一起发送给敌手并开始询问应答游戏。为保持一致性，算法 $\mathcal{B}$ 维护列表 L，用于记录签名询问的答复。

签名询问：hash 值为 μ_i 的消息 M_i 在进行签名询问时，算法 $\mathcal{B}$ 首先检查列表 L，如果在列表中找到 μ_i，则返回相应的记录 $\boldsymbol{v}_i$。否则，算法 $\mathcal{B}$ 可以生成 μ_i 的签名。

由于 p 不是 μ_i 的前缀，而 μ_i 作为哈希函数的输出满足伪随机性，从而在 μ_i 的前 $|p|$ 个位置中除去 $t_1,t_2,\cdots,t_t$ 这些位置，还存在为 1 的位置 (概率为 $1-\left(\dfrac{1}{2}\right)^{|p|-t}$)。设该位置为 t'，则该位置对应的公钥矩阵 $\boldsymbol{A}_{t'}=\boldsymbol{B}_{t'}$，从而算法 $\mathcal{B}$ 掌握了格 $\Lambda_q^{\perp}(\boldsymbol{B}_{t'})$ 的陷门基。于是算法 $\mathcal{B}$ 可以借助格 $\Lambda_q^{\perp}(\boldsymbol{B}_{t'})$ 的陷门基利用签名算法生成消息 μ_i 的签名 $\boldsymbol{v}_i$。$\mathcal{B}$ 发送 $\boldsymbol{v}_i$ 给敌手 $\mathcal{A}$ 并将 $(\boldsymbol{v}_i,\mu_i)$ 存入列表 L。

在敌手 $\mathcal{A}$ 完成 Q 次签名询问并感到满意后，$\mathcal{A}$ 以概率 ϵ 输出一个新消息 $\bar{\mu}$ 的伪造签名 $\boldsymbol{v}^*$，满足 $\boldsymbol{A}_{\bar{\mu}}\boldsymbol{v}^*=0(\bmod q)$ 和 $||\boldsymbol{v}^*|| \leqslant s\sqrt{j^*+1}m$，其中 j^* 是 $\bar{\mu}$ 的汉明重量，而矩阵 $\boldsymbol{A}_{\bar{\mu}}$ 的含义同上述签名算法。算法 $\mathcal{B}$ 检查 p 是否是 $\bar{\mu}$ 的前缀，如果不是，则 $\mathcal{B}$ 终止并宣布失败。若 p 是 $\bar{\mu}$ 的前缀，则矩阵 $\boldsymbol{A}_{\bar{\mu}}$ 是由 $\bar{\boldsymbol{A}}_0,\bar{\boldsymbol{A}}_{t_1},\cdots,\bar{\boldsymbol{A}}_{t_t},\bar{\boldsymbol{A}}_{|p|},\bar{\boldsymbol{A}}_{|p|+1},\bar{\boldsymbol{A}}_k$ 这些矩阵中的部分矩阵级联而成的。根据矩阵 $\boldsymbol{A}_{\bar{\mu}}$ 和 $\bar{\boldsymbol{A}}$ 之间的关系，$\mathcal{B}$ 可以在相应位置级联矩阵将 $\boldsymbol{A}_{\bar{\mu}}$ 变为 $\bar{\boldsymbol{A}}$。同时在向量 $\boldsymbol{v}^*$ 相应的位置上级联 0 向量得到 $\bar{\boldsymbol{v}}^*$。从而 $\bar{\boldsymbol{A}}\bar{\boldsymbol{v}}^*=0(\bmod q)$ 且 $||\bar{\boldsymbol{v}}^*|| \leqslant s\sqrt{(j^*+1)m} \leqslant s\sqrt{(k+1)m}$。$\mathcal{B}$ 得到 SIS 实例的一个合法解。

分析：$\mathcal{B}$ 伪造的所有的公钥矩阵都近似服从均匀分布，而对 $\mathcal{A}$ 的每个签名询问，算

法 $\mathcal{B}$ 均可以给出近乎完美的模拟，即给出的签名统计接近高斯分布。算法 $\mathcal{B}$ 是否伪造成功仅仅取决于比特串 p 是否是 $\bar{\mu}$ 的前缀。由于比特串 p 是在 P 中随机选择的，而 $\bar{\mu}$ 是一个伪造的消息，从而比特串 p 是 $\bar{\mu}$ 的前缀的概率接近 $\frac{1}{kQ}$。于是算法 $\mathcal{B}$ 成功的概率接近为 $\frac{\epsilon}{kQ}$。 □

3. 效率分析

首先假设哈希函数的输出总是 0-1 均衡的。在基本参数 (n, m, q) 相同的前提下，将本节的方案与著名的盆景树签名进行效率比较，结果表明：相比盆景树签名，新方案的公钥长度和签名长度都有了较大程度的缩减。详细信息如表 3.1 所示。

表 3.1　效率比较

方案	公钥长度/bit	私钥长度/bit	签名长度/bit
文献 [45]	$(2k+1)mn\log q$	$m^2 \log q$	$(k+1)m\log q$
3.4 节	$(k+1)mn\log q$	$m^2 \log q$	$(k/2+1)m\log q$

3.5　标准模型下的格基身份签名方案

本节将 3.4 节提出的改进的盆景树签名方案改造为一个标准模型下可证明安全的 IBS 方案。

3.5.1　方案描述

1. 系统建立

参数 $(n, q, \tilde{L}, s)$ 的定义见 3.3 节。令 $m_1 = c_1 n \log q, m_2 = c_2 n \log q$，其中 $c_1, c_2 > 1$ 。设所有的身份信息均是一个安全哈希函数的输出，并属于 $\{0,1\}^k$ ，其中 k 是身份信息的长度。消息空间为 $\{0,1\}^l$ ，其中 $l = \mathrm{poly}(n)$。执行以下操作。

(1) PKG 生成一个随机矩阵 $\boldsymbol{A} \in \mathbb{Z}_q^{n \times m_1}$ 并连同陷门基 $\boldsymbol{T} \in \mathbb{Z}_q^{m_1 \times m_1}$ [39]。

(2) PKG 选择两个随机矩阵的集合：

$$\{\boldsymbol{A}_i : \boldsymbol{A}_i \in \mathbb{Z}_q^{n\times m_2}, i=1,2,\cdots,k\}, \{\boldsymbol{B}_j : \boldsymbol{B}_j \in \mathbb{Z}_q^{n\times m_2}, j=1,2,\cdots,l\}$$

(3) PKG 随机选择向量 $\boldsymbol{y} \in \mathbb{Z}_q^n$。

族公钥为 $(\boldsymbol{A}, \boldsymbol{A}_i, \boldsymbol{B}_j, \boldsymbol{y})$，其中 $i=1,2,\cdots,k, j=1,2,\cdots,l$。族密钥为 $\boldsymbol{T} \in \mathbb{Z}_q^{m_1\times m_1}$。

2. 密钥提取

输入身份信息 $\mathrm{ID}=(\mathrm{id}[1],\mathrm{id}[2],\cdots,\mathrm{id}[k])$，PKG 按照如下原则选择公钥矩阵 $\boldsymbol{A}_i$：假如 $\mathrm{id}[i]=1$，选择 $\boldsymbol{A}_i$；假如 $\mathrm{id}[i]=0$，则放弃选择任何矩阵。

令 k^* 是身份 ID 的汉明重量，并设 $\mathrm{id}[i_1]=\mathrm{id}[i_2]=\cdots=\mathrm{id}[i_{k^*}]=1$，则 PKG 得到身份 ID 对应的公开矩阵

$$\boldsymbol{A}_{\mathrm{ID}} = (\boldsymbol{A}||\boldsymbol{A}_{i_1}||\cdots||\boldsymbol{A}_{i_{k^*}})$$

PKG 为身份 ID 生成密钥 $\boldsymbol{T}_{\mathrm{ID}}$ 如下：

$$\boldsymbol{T}_{\mathrm{ID}} \leftarrow \mathrm{RandBasis}\{\mathrm{ExBasis}(\boldsymbol{A}, \boldsymbol{A}_{\mathrm{ID}}, \boldsymbol{T}, s), s\}$$

3. 签名

输入消息 $\mu=(\mu[1],\cdots,\mu[l])$ 及密钥 $\boldsymbol{T}_{\mathrm{ID}}$，签名者执行以下操作。

(1) 如果 $\mu[j]=1$，则选择 $\boldsymbol{B}_j$，否则不选任何矩阵。令 l^* 为消息的汉明重量，则令

$$\boldsymbol{A}_{\mathrm{ID}\mu} = \boldsymbol{A}_{\mathrm{ID}}||\boldsymbol{B}_{j_1}||\cdots||\boldsymbol{B}_{j_{l^*}}$$

(2) 生成消息 μ 的签名 $\boldsymbol{v} \in \mathbb{Z}_q^{m_1+k^*m_2+l^*m_2}$：

$$\boldsymbol{v} \leftarrow \mathrm{Sample}\,D(\mathrm{ExBasis}(\boldsymbol{T}_{\mathrm{ID}}, \boldsymbol{A}_{\mathrm{ID}\mu}, \boldsymbol{A}_{\mathrm{ID}}, s), \boldsymbol{y}, s)$$

4. 验证

输入消息 μ、身份 ID 和签名 $\boldsymbol{v}$，当且仅当：

$$\boldsymbol{A}_{\mathrm{ID}\mu}\boldsymbol{v} = \boldsymbol{y} (\mathrm{mod}\ q), ||\boldsymbol{v}|| \leqslant s\sqrt{m_1+k^*m_2+l^*m_2}$$

时，验证算法接受签名。

3.5.2 方案分析

证明： 令 n 为安全参数。方案的其他参数设定确保算法 Sample D 和 ExBasis 在本方案中可以正确地执行。具体的，因为 PKG 知道格 $\Lambda_q^{\perp}(\boldsymbol{A})$ 的陷门基，从而 PKG 可以生成更大维数的格 $\Lambda_q^{\perp}(\boldsymbol{A}_{\mathrm{ID}})$ 的陷门基，即密钥提取算法可以正确地运行。另外，签名 $\boldsymbol{v}$ 是算法 Sample D 的输出，从而该签名以极大概率可以被验证算法接受。 □

1. 安全性证明

定理 3.3　假如存在敌手 $\mathcal{A}$ 能够以概率 ϵ 攻破方案在静态选择消息和选择身份攻击下的不可伪造性，其中敌手可以执行 q_1 次密钥提取询问和 q_2 次签名询问，则可以构造一个挑战者 $\mathcal{C}$ 以概率 $\dfrac{\epsilon}{lq_2}$ 解决一个 SIS 问题实例，其中 l 为消息的长度。

证明： 假设挑战者收到一个 SIS 问题的实例

$$\mathrm{SIS}_{(n,m_1+km_2+lm_2,q,2s\sqrt{m_1+km_2+lm_2})}=(\bar{\boldsymbol{A}},n,m_1,m_2,k,l,q,s)$$

其中，$\bar{\boldsymbol{A}}\in\mathbb{Z}_q^{m_1+km_2+lm_2}$，挑战者希望得到一个小向量 $\boldsymbol{v}$ 满足

$$\bar{\boldsymbol{A}}\boldsymbol{v}=0(\bmod q),||\boldsymbol{v}||\leqslant 2s\sqrt{m_1+km_2+lm_2}$$

敌手首先输出挑战身份 $\mathrm{ID}^*=(\mathrm{id}^*[1],\cdots,\mathrm{id}^*[k])$，设 ID^* 的汉明重量为 k^*。令

$$\bar{\boldsymbol{A}}=(\bar{\boldsymbol{A}}_0||\bar{\boldsymbol{A}}_1||\cdots||\bar{\boldsymbol{A}}_k||\bar{\boldsymbol{A}}_{k+1}||\bar{\boldsymbol{A}}_{k+2}||\cdots||\bar{\boldsymbol{A}}_{k+l})$$

其中，

$$\bar{\boldsymbol{A}}_0\in\mathbb{Z}_q^{n\times m_1},\bar{\boldsymbol{A}}_i\in\mathbb{Z}_q^{n\times m_2},i\geqslant 1$$

系统建立: $\mathcal{C}$ 执行 $\mathcal{A}$ 得到 q_2 个消息 $\mu^{(1)},\cdots,\mu^{(q_2)}$。接下来 $\mathcal{C}$ 计算 P 为所有比特串 $p\in\{0,1\}^{\leqslant k}$ 的集合，其中 p 为不是所有 $\mu^{(j)}$ 前缀的最小的比特串。由文献 [45] 可知，这样的集合可以在多项式时间内计算得到，并且 p 的个数至多为 lq_2。

接下来，$\mathcal{C}$ 从 P 中随机选择一个 p，并设 p 的汉明重量为 t，p 的长度为 $|p|$，则挑战者生成公钥 $\boldsymbol{A},\boldsymbol{A}_i,\boldsymbol{B}_i$ 如下。

(1) $\boldsymbol{A}=\boldsymbol{A}_0$。

(2) 由文献 [39] 可知，生成 $k-k^*$ 个均匀随机矩阵 $\boldsymbol{A}'_{j_i}\in\mathbb{Z}_q^{n\times m_2}$ 及对应格 $\Lambda^{\perp}(\boldsymbol{A}'_{j_i})$ 的陷门基 $\boldsymbol{T}_{j_i}\in\mathbb{Z}_q^{m_2\times m_2}$，满足 $||\tilde{\boldsymbol{T}}_{j_i}||\leqslant\tilde{L}$。对 $i=1,2,\cdots,k^*$ 并且 $\mathrm{id}^*[j_i^*]=1$，令 $\boldsymbol{A}_{j_i^*}=\bar{\boldsymbol{A}}_{j_i^*}$，其他矩阵 $\boldsymbol{A}_i=\boldsymbol{A}'_{j_i}$，其中 $i\neq j_i^*, i\leqslant k$。

(3) 由文献 [39] 产生 $|p|-t$ 个陷门格 $\Lambda_q^{\perp}(\bar{\boldsymbol{B}}_j)$ 及其陷门基 $\bar{\boldsymbol{T}}_j$。如果 $p[j]=0$，令 $\boldsymbol{B}_j=\bar{\boldsymbol{B}}_j$。如果 $p[j]=1$，令 $\boldsymbol{B}_j=\bar{\boldsymbol{A}}_{k+j}$。

(4) 随机选择一个非零小向量 $\boldsymbol{e}\in\mathbb{Z}_q^{m_1+km_2+lm_2}$，满足 $||\boldsymbol{e}||\leqslant s\sqrt{m_1+km_2+lm_2}$。计算 $\boldsymbol{y}=\bar{\boldsymbol{A}}\boldsymbol{e}(\bmod q)$。 $\mathcal{C}$ 发送公钥 $(\boldsymbol{A},\boldsymbol{A}_i,\boldsymbol{B}_j,\boldsymbol{y})$ 给敌手，其中 $i\leqslant k$， $j\leqslant l$。挑战者维护两个列表用来分别存储提取询问和签名询问的答案。

提取询问：对一个新鲜的消息 $\mathrm{ID}\neq\mathrm{ID}^*$，必存在一个位置 t_0 满足 $\mathrm{id}[t_0]=1$ 并且 $\mathrm{id}^*[t_0]=0$，否则终止游戏并宣布失败。挑战者 $\mathcal{C}$ 如密钥提取算法中所示生成身份 ID 对应的矩阵 $\boldsymbol{A}_{\mathrm{ID}}$。于是

$$\boldsymbol{T}_{\mathrm{ID}}\leftarrow\mathrm{RandBasis}\{\mathrm{ExBasis}(\boldsymbol{T}_{t_0},\boldsymbol{A}_{\mathrm{ID}},\boldsymbol{A}_{t_0},s),s\}$$

作为身份 ID 的密钥。

挑战者秘密地发送 $\boldsymbol{T}_{\mathrm{ID}}$ 作为本次询问的回复，并将该回复存入列表 L_1。(在此过程中如果 ID 已经被询问过，则应返回与列表中相同的答案。)

签名询问：给定消息 $\mu^{(i)}=(\mu[1],\mu[2],\cdots,\mu[l])$ 和身份 ID，$\mathcal{C}$ 根据 $\mu[i]=0$ 或 $\mu[i]=1$ 选择矩阵 $\boldsymbol{B}_i$。挑战者 $\mathcal{C}$ 记

$$\boldsymbol{A}_{\mathrm{ID}\mu^{(i)}}=(\boldsymbol{A}_{\mathrm{ID}}||\boldsymbol{B}_{j1}||\boldsymbol{B}_{j2}||\cdots||\boldsymbol{B}_{jl^*})$$

其中，$\mu[j1]=\mu[j2]=\cdots=\mu[jl^*]=1$。

分以下两种情形讨论。

(1) $\mathrm{ID}\neq\mathrm{ID}^*$。由于挑战者知道格 $\Lambda_q^{\perp}(\boldsymbol{A}_{\mathrm{ID}})$ 的陷门基，从而他可以为消息 $\mu^{(i)}$ 生成身份 ID 的签名 $\boldsymbol{v}$。最后，挑战者存储 $(\boldsymbol{v},\mu^{(i)},\mathrm{ID})$ 到列表 L_2。

(2) $\mathrm{ID}=\mathrm{ID}^*$。首先比特串 p 不是消息 $\mu^{(i)}=(\mu[1],\mu[2],\cdots,\mu[l])$ 的前缀。不失一般

性，我们假设 $p[t_1] = p[t_2] = \cdots = p[t_{p^*}] = 1$，于是以概率 $1 - \left(\frac{3}{4}\right)^{|p|}$ 存在一个位置 t' 满足 $t' < |p|, t' \neq t_i, i = 1, 2, \cdots, p^*$ 并且 $\mu[t'] = 1$(若不然，终止游戏并宣布失败)。于是挑战者掌握了格 $\Lambda_q^{\perp}(\boldsymbol{B}_{t'})$ 的陷门基，从而挑战者可以生成身份 ID* 对消息 $\mu^{(i)}$ 的签名 $\boldsymbol{v}$:

$$\boldsymbol{v} \leftarrow \text{Sample}\,D(\text{ExBasis}(\bar{\boldsymbol{T}}_{t'}, \boldsymbol{A}_{\text{ID}^*\mu^{(i)}}, \boldsymbol{B}_{t'}, s), \boldsymbol{y}, s)$$

当所有询问结束后，敌手 $\mathcal{A}$ 以概率 ϵ 输出挑战身份 ID* 对消息 μ^* 的签名 $\boldsymbol{v}^*$。于是有

$$\boldsymbol{A}_{\text{ID}^*\mu^*}\boldsymbol{v}^* = \boldsymbol{y}(\text{mod } q), ||\boldsymbol{v}^*|| \leqslant s\sqrt{m_1 + k^*m_2 + l^*m_2}$$

成立，其中 k^* 和 l^* 分别是身份信息和消息的汉明重量。

如果比特串 p 不是消息 μ^* 的前缀，$\mathcal{A}$ 终止，否则 $\mathcal{C}$ 可以解决 SIS 问题实例。

挑战者根据矩阵 $\boldsymbol{A}_{\text{ID}^*\mu^*}$ 和矩阵 $\bar{\boldsymbol{A}}$ 间的关系，将其他的矩阵 $\bar{\boldsymbol{A}}_i$ 级联到矩阵 $\boldsymbol{A}_{\text{ID}^*\mu^*}$，并得到新的矩阵 $\bar{\boldsymbol{A}}$。接下来，挑战者相应地将 $(k - k^*) + (l - l^*)$ 个 m 维零向量添加到签名向量 $\boldsymbol{v}^*$ 得到一个新的向量 $\boldsymbol{v}$，满足 $\bar{\boldsymbol{A}}\boldsymbol{v} = \boldsymbol{y}(\text{mod } q)$。

由于挑战者知道满足 $\boldsymbol{y} = \bar{\boldsymbol{A}}\boldsymbol{e}(\text{mod } q)$ 的向量 $\boldsymbol{e}$，从而

$$\bar{\boldsymbol{A}}(\boldsymbol{e} - \boldsymbol{v}) = 0(\text{mod } q), ||\boldsymbol{e} - \boldsymbol{v}|| \leqslant 2s\sqrt{m_1 + k^*m_2 + l^*m_2} \leqslant 2s\sqrt{m_1 + km_2 + lm_2}$$

成立。若 $\boldsymbol{e} \neq \boldsymbol{v}$，则挑战者得到一个 SIS 问题的解。由文献 [38] 可知，$\boldsymbol{e} \neq \boldsymbol{v}$ 将以极大概率成立。

我们来分析挑战者的优势。挑战者可以完美地模拟上述游戏，只要:

(1) 在密钥提取询问阶段存在一个位置 t 满足 $\text{id}[t] = 1$，并且 $id^*[t] = 0$。

(2) 在签名询问阶段存在一个位置 t' 满足 $t' < |p|, t' \neq t_i, i = 1, 2, \cdots, p^*$，并且 $\mu[t'] = 1$。

注意到方案中的身份信息是一个安全哈希函数的输出，从而在身份信息中 0 和 1 的分布是均衡的，于是密钥提取阶段以极大概率存在位置 t。

另外，由简单的概率计算可知，位置 t' 存在的概率为 $1 - \left(\frac{3}{4}\right)^{|p|}$。以下说明概率

$\left(\frac{3}{4}\right)^{|p|}$ 是可忽略的。不失一般性，假设 p 是集合 P 中长度最短的比特串，从而比特串 $p||0$ 和 $p||1$ 也不是任何 $\mu^{(i)}$ 的前缀。即如果 p 是比特串 p' 的前缀，则 p' 不是任何 $\mu^{(j)}$ 的前缀。长度为 l 的比特串 p' 的个数有 $2^{l-|p|}$。由于集合 P 中至多有 lq_2 个比特串，而 p 是其中最短的比特串，从而有 $lq_2 2^{l-|p|} \leqslant 2^l$ 成立，即 $|p| \geqslant \log_2 lq_2$。因此集合 P 中的任意比特串的长度依然满足 $|p| \geqslant \log_2 lq_2$。从而概率 $\left(\frac{3}{4}\right)^{|p|} \leqslant \left(\frac{3}{4}\right)^{(\log_2 lq_2)}$ 是可忽略的。又因为游戏中比特串 p 是均匀随机选取的，从而 p 是消息 μ^* 的前缀的概率为 $\frac{1}{lq_2}$。从而挑战者可以以概率 $\frac{\epsilon}{lq_2}\left(1-\left(\frac{3}{4}\right)^{(\log_2 lq_2)}\right) \approx \frac{\epsilon}{lq_2}$ 来求解 SIS 问题。 □

2. 效率分析

将我们的方案与 Rücurt 的无分层的 IBS 方案比较 [61]，本方案在公钥尺寸、签名尺寸和计算消耗上均存在优势。表 3.2 给出了两者在空间效率上的比较，其中 k^* 和 l^* 分别是身份信息和消息的汉明重量。直观起见，可以作如下合理的假设：$k/2 = k^*$，$l/2 = l^*$。表 3.3 给出了两个方案在计算效率上的比较，其中 psf 和 sa 分别代表原像抽样函数和陷门抽样函数的计算代价，而 sam 和 sav 分别代表按照相应的高斯分布分别抽取一个随机矩阵和抽取一个随机向量的计算代价。

表 3.2　空间效率比较

方案	公钥长度/bit	密钥长度/bit	签名长度/bit
文献 [61]	$n(m_1+2(k+1)m_2+m_2+1)\log q$	$m_1^2\log q$	$(m_1+(l+k+1)m_2+1)\log q$
3.5 节	$n(m_1+(k+1)m_2)\log q$	$m_1^2\log q$	$(m_1+(k^*+l^*)m_2)\log q$

表 3.3　计算效率比较

方案	系统建立算法	密钥提取算法	签名算法
文献 [61]	$1(\text{sa})+(2l+2k)(\text{sam})$	$1(\text{psf})+k(\text{sav})$	$1(\text{psf})+l(\text{sav})$
3.5 节	$1(\text{sa})+(l+k)(\text{sam})$	$1(\text{psf})+k^*(\text{sav})$	$1(\text{psf})+l^*(\text{sav})$

注：我们需要指出的是，本方案无法提供 IBS 的分层结构，这是因为我们的新型矩

阵赋值原则无法保证在分层结构下 i 层身份 ID 和 $i+1$ 层身份 (ID||0) 被赋值的矩阵是不同的。

3.6 本章小结

本章首先构造了一个基于格的可证明安全的身份签名方案，在随机预言机模型下，证明了该方案在适应性选择消息、身份攻击下满足强不可伪造性。为了构造一个标准模型下具有高的空间效率的身份签名方案，提出了一个可以应用于盆景树签名的新公钥矩阵赋值原则，并利用该原则对盆景树签名进行了改进。新的改进方案能够大大缩短签名的公钥尺寸和签名尺寸，具有较高的空间效率。最后，将改进后的盆景树签名变型为一个标准模型下可证明安全的身份签名方案。新的 IBS 方案有效控制了签名格的维数扩展，从而实现了较高的空间效率。本章一个极有意义的研究方向是如何实现所设计的 IBS 方案的分级特性，同时依然保持其空间尺寸的高效性。

需要说明的是，本章提出的公钥矩阵赋值原则不仅能够与盆景树代理算法 [45] 结合实现格上签名的设计，将该方法与其他格基代理算法 [41,42] 组合使用也可以实现类似的设计效果。而且由于其他格基代理算法的实现效率优于盆景树算法，因此所设计的格基数字签名方案效率更高。不过，这种设计效果的优化主要是因为设计工具的改进，从设计方法的角度来看，这样的改进是直接的、显然的。

第 4 章　特殊性质的格基数字签名方案

作为公钥密码设计领域的“新贵”，格密码的发展远非成熟，除存在效率提升、陷门改进等底层算法需求之外，扩展格密码的设计内涵，实现更多的设计功能，也是格密码设计领域的一项重要工作。通过特殊性质的格密码方案的设计，一方面可以拓展格密码的研究内涵，丰富其应用领域；另一方面，也有利于检验已有的设计方法和工具，促进格密码设计工作的发展。

本章主要研究具有特殊性质的格基数字签名方案的设计。在力所能及的范围内我们将力争实现效率提升与功能实现的双赢。具体包括以下内容:

（1）4.1 节介绍了一个标准模型下可证明安全的格基环签名方案的设计方法与安全证明过程；

（2）4.2 节构造了一个格基强指定验证者签名方案，并将该签名方案变型为一个格基强指定验证者环签名；

（3）4.3 节设计了一个格上的可验证加密的签名方案；

（4）4.4 节提出了一个格上实现的随机预言机模型下线性同态签名方案，与一个已有的格基线性同态签名方案比较，新的同态签名方案大大缩短了签名公钥的尺寸和签名的长度，具有较高的空间效率；

（5）4.5 节构造了标准模型下安全的线性同态签名方案，与已有方案比较，该方案依然具有较高的空间效率和计算效率；

（6）4.6 节介绍了一个基于格的盲签名方案的设计方法和安全证明过程。

4.1　标准模型下的格基环签名方案

4.1.1　引言

2001 年，Rivest、Shamir 和 Tauman 提出了环签名的概念 [62]。环签名允许成员完全匿名地实现签名，验证者可以验证该签名来自群组的成员，但无法确定签名者的身份。自环签名的概念提出以来，各种基于数论假设或者利用双线性对工具设计的标准环签名方案 [63−66] 及其变形的环签名方案（如可控环签名 [67]、代理环签名 [68,69]等）相继被提出。由于环签名能够提供签名者身份的匿名性保护，环签名及其变型方案可以被广泛地应用于电子选举、电子现金、Ad hoc groups 的匿名身份（认证）等领域。如何将环签名的概念拓展到格密码领域，基于格工具构造能够提供量子安全的环签名方案，成为一个崭新的研究课题 [70]。本节将盆景树签名方案变型成为一个格上环签名的构造，并实现其在标准模型下不可伪造性的安全证明。

4.1.2　形式化定义

定义 4.1　一个标准的环签名方案包含以下三个多项式时间算法。

（1）环–密钥生成（Ring-kg）：该算法为每一位环成员生成对应的验证公钥 pk 和签名密钥 sk，同时生成环组对应的环参数。

（2）环–签名（Ring-sign）：给定相应的环参数、消息 M 以及所有（或部分）环成员的签名密钥和公钥（pk，sk），该算法输出消息 M 的签名 v。

（3）环–验证（Ring-vrf）：给定消息 M、环参数以及所有环成员的公钥，如果环签名合法，该算法输出 “1”，否则输出 “0”。

一个安全的环签名应该满足无条件匿名性和存在性不可伪造性的安全要求。不严格地讲，无条件匿名性要求签名者的身份是完全匿名的，任何人不能由环签名追踪到签名者的身份。存在性不可伪造性要求即使攻击者掌握了大量已有的消息、签名对，攻击者能够伪造任何一个消息的环签名的概率依然是可忽略的。具体的，存在性不可伪造性通

过以下挑战者 $\mathcal{C}$ 和敌手 $\mathcal{A}$ 的游戏来定义。

（1）系统建立: 挑战者 $\mathcal{C}$ 运行环–密钥生成算法，为每一位环用户产生公钥/密钥对 $\{\mathrm{pk/sk}\}_i$，以及方案的环参数 $(\mathrm{pk})_{\mathrm{ring}}$。挑战者将 $\{\mathrm{pk}\}_i$ 和 $(\mathrm{pk})_{\mathrm{ring}}$ 发送给敌手 $\mathcal{A}$。

（2）询问阶段: 敌手被允许可以进行多项式有界次的适应性的环签名询问（若基于随机预言机模型，敌手还被允许进行随机预言机询问）。

（3）当所有询问结束后，敌手输出一个伪造的消息及其环签名 (M^*, v^*)，敌手 $\mathcal{A}$ 赢得以上游戏，如果:

① $\mathrm{Ring\text{-}Vrf}\ ((\mathrm{pk})_{\mathrm{ring}}, M^*, v^*) = 1$；

② 敌手从未对消息 M^* 进行过签名询问。

敌手在上述游戏中胜出的优势定义为敌手输出伪造签名的概率。

定义 4.2 如果任意多项式时间的敌手在上述游戏中胜出的优势是可忽略的，则环签名在适应性选择消息攻击下是存在性不可伪造的。

4.1.3 方案描述

1. 环–密钥生成

n 为安全参数，其他参数均是 n 的函数:

$$m_1 = O(2n\log q), m_2 = O(2n\log q), q = O(n^2)$$

$$s > L\omega(\sqrt{\log q}), L = O(\sqrt{n\log q})$$

设 U_i 表示环组成员且环组有 l 个成员，则每位环成员 U_i 利用陷门抽样算法，抽取格矩阵 $\boldsymbol{A}_i \in \mathbb{Z}_q^{n\times m_1}$ 以及格 $\Lambda_q^{\perp}(\boldsymbol{A}_i)$ 的陷门基 $\boldsymbol{T}_i \in \mathbb{Z}_q^{m\times m}$。环中心随机、独立地生成 $2k$ 个矩阵 $\boldsymbol{A}_j^b$，$j=1,2,\cdots,k$，$b=0$ 或者 1。环中心将所有环成员的公钥级联为一个新的矩阵，不失一般性，假设 $\boldsymbol{A} = \boldsymbol{A}_1||\boldsymbol{A}_2||\cdots||\boldsymbol{A}_l$。设哈希函数 $h(\cdot):\{0,1\}^* \to \{0,1\}^k$ 为一个安全的哈希函数。于是环公钥为 $(\boldsymbol{A}_j^b, \boldsymbol{A})$，$j=1,2,\cdots,k$，$b=0$ 或者 1。$\boldsymbol{T}_i$ 为用户 U_i 的签名密钥。

2. 环–签名

设用户 U_i 要生成签名消息 M 的签名，消息的 hash 值为 $\mu = h(M)$。U_i 首先利用 μ 的各个分量选择公开参数矩阵 $\boldsymbol{A}_j^b$，具体的，若 μ 的第一个分量为 0，则选择参数矩阵 $\boldsymbol{A}_1^0$，依此类推。级联所有用户的公钥矩阵与选定的参数矩阵，得到矩阵 $\boldsymbol{A}_\mu = \boldsymbol{A}||\boldsymbol{A}_1^{\mu[1]}||\cdots||\boldsymbol{A}_k^{\mu[k]}$。于是利用盆景树的扩展控制算法和原像抽样函数生成消息的签名如下：

$$\boldsymbol{v} \leftarrow \text{Sample } D(\text{ExBasis}(\boldsymbol{A}_\mu, \boldsymbol{T}_i, s), 0, s)$$

3. 环–验证

验证者得到消息 M 的签名 $\boldsymbol{v}$ 后，首先计算哈希函数值 $\mu = h(M)$，利用 μ 的各个分量值选取环参数矩阵 $\boldsymbol{A}_j^b$，并与环公钥 $\boldsymbol{A}$ 级联得到矩阵 $\boldsymbol{A}_\mu$，然后验证：

$$\boldsymbol{v} \neq 0, ||\boldsymbol{v}|| \leqslant s\sqrt{lm_1 + km_2}; \boldsymbol{A}_\mu \boldsymbol{v} = 0(\text{mod } q)$$

通过以上验证，则接受签名，否则拒绝签名。

4.1.4　方案分析

1. 匿名性

定理 4.1　本节的方案实现了环签名者身份的完全匿名性。

证明： 环签名是大维数格上的一个范数较小的向量，而矩阵 $\boldsymbol{A}$ 包含所有环成员的公钥信息。注意，这些公钥的位置是完全平等的，因此从任何一个成员的公钥出发都可能得到该消息的签名 $\boldsymbol{v}$，即每一个成员都可能生成此签名，因此验证者不能从 $\boldsymbol{v}$ 中分解出签名者公钥的任何信息，他只能以 $1/l$ 的概率推测签名人的身份，l 是成员的个数；而要通过大维数格上的一个小向量得到小维数格上的一组小基（签名密钥）来对应签名人的身份更是不可行的。进一步来看，消息的环签名 $\boldsymbol{v}$ 作为 Sample D 算法的输出近似服从格上的正态分布 [38]，因此任意两个环成员的签名或者一个环成员对两个消息的签名服从的概率分布对验证者而言是不可区分的。所以环签名实现了无条件匿名性。　□

2. 存在性不可伪造性

定理 4.2 假设存在不是任何环成员的概率多项式时间敌手 $\mathcal{A}$，其能够至多通过 Q 次环签名询问以不可忽略的概率 ϵ 伪造新的消息 μ（假设 μ 是一个 hash 值）的合法环签名，其中消息 μ 从未在签名询问中被询问过，则可以构造算法 $\mathcal{B}$ 以近似 ϵ/kQ_1 的概率来解大维数格上的 SIS 问题。

证明： 设算法 $\mathcal{B}$ 得到一个格上的 SIS 问题实例 $(\boldsymbol{A}, q, m', s)$，其中：

$$\boldsymbol{A}=\boldsymbol{A}_0||\boldsymbol{U}_1^0||\boldsymbol{U}_1^1||\cdots||\boldsymbol{U}_k^0||\boldsymbol{U}_k^1, \boldsymbol{A}_0\in\mathbb{Z}_q^{n\times lm_1}, \boldsymbol{U}_i^B\in\mathbb{Z}_q^{n\times m_2}$$

$m'=lm_1+2km_2$，l,k 为正整数，b 取 0 或 1。算法 $\mathcal{B}$ 希望得到一个范数小于等于 $s\sqrt{m'}$ 的向量 $\boldsymbol{v}$，有 $\boldsymbol{A}\boldsymbol{v}=0(\mathrm{mod}\ q)$ 成立。

为此，算法 $\mathcal{B}$ 充当挑战者与敌手 $\mathcal{A}$ 进行以下询问应答的游戏，鼓励敌手攻击环签名方案。算法 $\mathcal{B}$ 维护一张列表 L 以保持询问回应的一致性。L 用于跟踪敌手 $\mathcal{A}$ 的环签名询问。不失一般性，假设敌手 $\mathcal{A}$ 在签名询问前已经过了 Q 次正确的 hash 询问并得到了消息的正确 hash 函数值。设待签名的消息为 $\mu^{(1)},\mu^{(2)},\cdots,\mu^{(Q)}$。$\mathcal{B}$ 计算比特串 p 的集合 T，p 取不是任何 $\mu^{(1)},\mu^{(2)},\cdots,\mu^{(Q)}$ 前缀的最小的比特串，于是 $|p|<k$（注：由文献 [45] 可知，集合 T 可以在多项式时间内计算得到）。算法 $\mathcal{B}$ 在集合 T 中任意取一个 $p=(p[1],\cdots,p[t])$，其中 $t=|p|$，算法 $\mathcal{B}$ 生成环签名的公钥如下：

① 若 $i\leqslant t, \boldsymbol{A}_i^{p[i]}=\boldsymbol{U}_i^{p[i]}$，$t<i\leqslant k, b\in\{0,1\}$，令 $\boldsymbol{A}_i^b=\boldsymbol{U}_i^b$；

② 运行随机格抽样算法生成 $2t$ 个随机矩阵 $\boldsymbol{A}_i^{1-p[i]}$ 及其对应格的陷门基 $\boldsymbol{T}_i$。

将矩阵 $\boldsymbol{A}_0$ 作为环签名方案中环成员公钥级联得到的矩阵，矩阵 $\boldsymbol{A}_i^b$ 对应一个环签名方案中的环公开参数矩阵。以 $(\boldsymbol{A}_0, \boldsymbol{A}_i^b)$ 来初始化敌手 $\mathcal{A}$，让敌手 $\mathcal{A}$ 来攻击以上环签名。

签名询问：算法 $\mathcal{B}$ 为消息 $\mu^{(j)}$ 生成环签名的过程如下：在列表 L 中寻找此消息的签名记录 $\boldsymbol{v}_j$，若找到此消息，则返回列表中相应的 $\boldsymbol{v}_j$ 作为签名。若消息不在 L 中，设 i

为第一个满足 $\mu^{(j)}[i] \neq p[i]$ 的位置，$\mathcal{B}$ 掌握格 $\Lambda^{\perp}(\boldsymbol{A}_i^{1-p[i]})$ 的陷门基，则

$$\boldsymbol{v}_j \leftarrow \text{Sample } D(\text{ExBasis}(\boldsymbol{A}_i^{(1-p[i])}, \boldsymbol{T}_i, \boldsymbol{A}_{\mu j}, s), 0, s)$$

其中，$\boldsymbol{A}_{\mu j} = \boldsymbol{A}_0||\boldsymbol{A}_1^{p[1]}||\cdots||\boldsymbol{A}_i^{p[i]}$。将 $\boldsymbol{v}_j$ 作为消息的签名发送给敌手，同时将此消息签名对存入列表 L。

在敌手 $\mathcal{A}$ 对所有签名询问满意后，敌手 $\mathcal{A}$ 以概率 ϵ 生成第 $Q+1$ 个消息 $\mu^{(Q+1)}$ 的伪造签名 $\boldsymbol{v}_{Q+1}$。算法 $\mathcal{B}$ 检查 p 是否是消息 $\mu^{(Q+1)}$ 的前缀，如果不是 $\mu^{(Q+1)}$ 的前缀，算法 $\mathcal{B}$ 终止游戏，宣布失败。若 p 是 $\mu^{(Q+1)}$ 的前缀，则矩阵 $\boldsymbol{A}_{\mu j} = \boldsymbol{A}_0||\boldsymbol{A}_1^{p[1]}||\cdots||\boldsymbol{A}_i^{p[i]}$ 是由矩阵 $\boldsymbol{A}_0$ 和 k 个 $U_i^{(b)}$ 级联得到的。所以算法 $\mathcal{B}$ 可以通过添加必要的子阵并调整子阵的顺序将矩阵 $\boldsymbol{A}_{\mu j}$ 变为 $\boldsymbol{A}$，同时在 $\boldsymbol{v}_{Q+1}$ 上添加 0 向量，并按照相同的顺序调整矩阵分量的位置，由 $\boldsymbol{v}_{Q+1}$ 得到向量 $\boldsymbol{v} \neq 0$，满足: $\boldsymbol{A}\boldsymbol{v} = 0(\text{mod } q)$，由模拟过程知，$||\boldsymbol{v}|| \leqslant s\sqrt{m'}$。从而算法 $\mathcal{B}$ 成功得到 SIS 问题的一个小整数解。

分析算法 $\mathcal{B}$ 成功的优势如下：算法 $\mathcal{B}$ 成功的关键是随机选取的集合 P 中的比特串 p 应该是第 $Q+1$ 个消息的前缀，此概率接近 $1/kQ$，从而算法 $\mathcal{B}$ 成功的概率近似为 ϵ/kQ。 □

4.2　格基强指定验证者签名方案及其应用

4.2.1　引言

一个指定验证者签名（Designate Verifier Signature，DVS）方案 [71] 要求只有指定的验证者能够验证签名者事实上生成了该签名，而其他任何人都无法验证该签名。不仅如此，指定的验证者本人无法使其他任何人相信该消息是由签名者签署的，这是因为指定验证者本人也可以生成该消息的签名，且是与签名者的签名不可区分的。然而，DVS 方案无法抵御在线的窃听攻击，一个签名者与指定验证者之间的窃听者如果能够在指定验证者之前获得签名者的签名，则该窃听者几乎可以确信该签名是由签名者生成的。为了有效地抵御在线窃听攻击，Jakobsson 等人 [71] 定义了强指定验证者签名（SDVS）的概

念。在一个 SDVS 方案中，指定验证者的密钥将被用来验证签名的合法性，从而保证除指定验证者之外的任何第三方都将无法验证消息的合法性。例如，签名者可以利用指定验证者的公钥加密自己的签名来实现所谓的强性。当前已经提出了许多 DVS 方案或 SDVS 方案 [72−75]。

同时，将 SDVS 的概念与其他签名联合，可以构造具有更多安全特性的签名方案。例如，将 SDVS 与环签名联合，构造强指定验证者环签名 [76]。鉴于格公钥密码存在的诸多潜在的优势，利用格密码工具开展 SDVS 方案的设计，无论对格公钥密码内涵的扩展，或是对 SDVS 体系的完善和发展都具有积极的意义。

本节使用盆景树算法，构造一个基于格的强指定验证者签名方案，并完成其在随机预言机模型下的安全证明。进一步的，将该格基 SDVS 方案与上节提出的格基环签名结合，设计一个强指定验证者环签名方案。

4.2.2 形式化定义

设签名者为 Alice，指定验证者为 Bob，标准的强指定验证者签名方案由四个多项式时间算法组成，$\mathrm{SIG}_{\mathrm{sdvs}}=$（密钥生成，签名，验证，副本模拟）。

（1）密钥生成。该算法输入安全参数 1^n，输出 Alice 和 Bob 的公私钥对 $(\mathrm{pk_A},\mathrm{sk_A})$ 和 $(\mathrm{pk_B},\mathrm{sk_B})$。

（2）签名。该算法输出消息 M 和 $(\mathrm{sk_A},\mathrm{pk_B})$，输出一个签名 σ。

（3）验证。输入消息 M、签名 σ、Bob 的私钥以及 Alice 的公钥，如果 σ 是消息 M 的一个合法签名，该算法输出比特 “1”；否则，输出比特 “0”。

（4）副本模拟。输入 $(M,\mathrm{pk_A},\mathrm{sk_B},\mathrm{pk_B})$，该算法输出一个签名的副本 σ'，该副本与真实签名算法输出的签名是不可区分的。

一个安全的 SDVS 方案应该满足以下安全特性。

（1）正确性。一个真实生成的 SDVS 将以极大概率被验证算法接受。

（2）不可伪造性。假如任意多项式时间的敌手赢得以下游戏的优势是可忽略的，那么一个 SDVS 方案在适应性选择消息攻击下是存在性不可伪造的。

• 系统建立。挑战者运行密钥生成算法生成系统参数以及 Alice 和 Bob 的公私钥对。挑战者将系统参数及 Alice 和 Bob 的公钥发送给敌手。

• 签名询问。敌手适应性地选择消息 M_i，并对该消息进行签名询问。挑战者输出该消息以 Bob 为指定验证者的 SDVS 作为回应。

• 验证询问。敌手可以访问验证预言机要求验证某个 SDVS 的合法性。假如该签名是合法的，作为回应，挑战者输出 "1"；否则，输出 "0"。

游戏的最后，敌手输出一个消息以 Bob 为指定验证者的新签名。如果该消息从未进行过签名询问且该签名能够被验证算法接受，则敌手赢得该游戏。

敌手在上述游戏中的优势定义为敌手输出一个伪造签名的概率。

（3）不可传递性。不可传递性要求验证者 Bob 无法传递该签名给任何第三方，换而言之，Bob 无法使任何第三方相信该签名是由 Alice 签署的。这就要求 Bob 通过模拟算法输出的签名副本和真实的签名是不可区分的。具体的，不可传递性可以由以下游戏来定义，如果任意多项式时间的敌手赢得该游戏的概率是可忽略的，则 SDVS 方案满足不可传递性。

• 系统建立：挑战者运行密钥生成算法生成系统参数以及 Alice 和 Bob 的公私钥对。挑战者将系统参数及 Alice 和 Bob 的公钥发送给敌手。

• 签名与验证询问：敌手适应性地进行多项式有界次签名和验证询问。

• 挑战：敌手发送一个新的消息 M 给挑战者。挑战者通过抛一个公平硬币的方式选择一个随机比特 b，如果 $b=0$，则发送该消息的真实 SDVS 给敌手；如果 $b=1$，则发送签名副本给敌手。

游戏的最后，敌手输出一个猜测比特 b'，如果 $b=b'$，则敌手赢得该游戏。

敌手成功的优势定义为敌手猜对的概率与 1/2 的差值，即

$$|\Pr(b=b')-1/2|$$

（4）强性。任何不掌握 Bob 密钥的第三方无法确定该签名是否是由 Alice 签署的，也无法验证该签名的正确性。

适当修改 SDVS 定义中的密钥生成算法可以将 SDVS 方案变型为一个 SDVRS 方案。在此过程中，密钥生成算法输出所有群组成员的公钥和密钥。对一个安全的 SDVRS 方案，除要求满足 SDVS 的安全特性外，还应该满足签名者匿名性，具体见上一章环签名的定义。

4.2.3 格基强指定验证者签名方案

设 n 为安全参数，

$$m > 2n\log q, q > \beta\omega(\log n)$$

$$\beta = \text{poly}(n), \tilde{L} = O(\sqrt{n\log q}), s = \tilde{L}\omega(\sqrt{\log n})$$

定义两个安全的、抗碰撞的 hash 函数：

$$h_1 : \{0,1\}^* \times \mathbb{Z}_q^n \to \mathbb{Z}_q^n, h_2 : \{0,1\}^* \times \mathbb{Z}_q^n \to \mathbb{Z}_q^{2m}$$

设签名者为 Alice，指定验证者为 Bob，则提出的格基 SDVS 方案如下所述。

1. 密钥生成

Alice 和 Bob 分别利用陷门抽样算法，生成自己的公钥矩阵 $\boldsymbol{A} \in \mathbb{Z}_q^{n\times m}$ 和 $\boldsymbol{B} \in \mathbb{Z}_q^{n\times m}$ 以及他们的私钥 $\boldsymbol{T}_{\mathrm{A}} \in \mathbb{Z}_q^{m\times m}$、$\boldsymbol{T}_{\mathrm{B}} \in \mathbb{Z}_q^{m\times m}$。

2. 签名

设消息 $M \in (0,1)^*$，Alice 生成该消息的 SDVS 如下。

（1）随机选择向量 $\boldsymbol{t}' \in \mathbb{Z}_q^n$ 并计算 $h_1(M, \boldsymbol{t}')$。按照分布 $D_{Z^m,s}$ 选择一个随机的小向量 $\boldsymbol{e}_2$。

（2）计算向量 $\boldsymbol{e}_1$：

$$\boldsymbol{e}_1 \leftarrow \text{Sample } D((h_1(M, \boldsymbol{t}') - \boldsymbol{B}\boldsymbol{e}_2, \boldsymbol{A}, \boldsymbol{T}_{\mathrm{A}}, s)$$

于是 $\boldsymbol{A}\boldsymbol{e}_1 = h_1(M, \boldsymbol{t}') - \boldsymbol{B}\boldsymbol{e}_2$ 和 $||\boldsymbol{e}_1|| \leqslant s\sqrt{m}$。令 $\boldsymbol{e} = (\boldsymbol{e}_1||\boldsymbol{e}_2) \in Z_q^{2m}$，则 $(\boldsymbol{A}, \boldsymbol{B})\boldsymbol{e} = h_1(M, \boldsymbol{t}')$ 并且 $||\boldsymbol{e}|| \leqslant s\sqrt{2m}$。

（3）随机选择一个新的向量 $\boldsymbol{r} \in Z_q^n$，计算 $h_2(M, \boldsymbol{r}) \in \mathbb{Z}_q^{2m}$。

（4）选择两个误差向量 $\boldsymbol{x}_1, \boldsymbol{x}_2$ 服从 $\bar{\Phi}_\alpha^m$ 分布。计算:

$$\sigma = \{\boldsymbol{e} + h_2(M, \boldsymbol{r})\}(\bmod\ q)$$

$$\boldsymbol{r}' = \boldsymbol{B}^{\mathrm{T}}\boldsymbol{r} + \boldsymbol{x}_1(\bmod\ q),\ \boldsymbol{t} = \boldsymbol{B}^{\mathrm{T}}\boldsymbol{t}' + \boldsymbol{x}_2(\bmod\ q)$$

将 $(\sigma, \boldsymbol{r}', \boldsymbol{t})$ 作为消息的签名。

3. 验证

Bob 收到消息 M 的 SDVS 签名 $(\sigma, \boldsymbol{r}', \boldsymbol{t})$ 后验证如下。

（1）利用自己的私钥 $\boldsymbol{T}_{\mathrm{B}}$ 由 LWE 实例 $\boldsymbol{r}', \boldsymbol{t}$ 中求解 $\boldsymbol{r}, \boldsymbol{t}'$，进而计算两个 hash 值 $h_1(M, \boldsymbol{t}')$，$h_2(M, \boldsymbol{r})$。

（2）计算 $\sigma + h_2(M, \boldsymbol{r}) = \boldsymbol{e}(\bmod\ q)$。

（3）验证

$$||\boldsymbol{e}|| \leqslant s\sqrt{2m}, (\boldsymbol{A}, \boldsymbol{B})\boldsymbol{e} = h_1(M, \boldsymbol{t}')(\bmod\ q)$$

成立，则输出 “1”，否则输出 “0”。

4. 副本模拟

Bob 可以利用自己的密钥 $\boldsymbol{T}_{\mathrm{B}}$ 计算向量 $\boldsymbol{e}$，满足 $(\boldsymbol{A}, \boldsymbol{B})\boldsymbol{e} = h_1(M, \boldsymbol{t}')$，其中 $\boldsymbol{t}'$ 为一个随机向量。接下来，Bob 可以通过签名算法生成两个向量 $\boldsymbol{r}' = \boldsymbol{B}^{\mathrm{T}}\boldsymbol{r} + \boldsymbol{x}_1(\bmod\ q)$ 和 $\boldsymbol{t} = \boldsymbol{B}^{\mathrm{T}}\boldsymbol{t}' + \boldsymbol{x}_2(\bmod\ q)$。由于 $\boldsymbol{e}$ 和 $\boldsymbol{r}'$ 所服从的分布统计接近均匀分布，Bob 可以生成一个与真实签名不可区分的模拟签名。

4.2.4　方案分析

1. 正确性

显然，利用格的陷门基可以得到一个陷门单向函数 $f_A(\boldsymbol{s}) = (\boldsymbol{A}^{\mathrm{T}}\boldsymbol{s} + \boldsymbol{x})(\bmod\ q)$ 的唯一原像 $\boldsymbol{s}$。因此，在一个合法的 SDVS 签名 $(\sigma, \boldsymbol{r}', \boldsymbol{t})$ 中，Bob 可以由 $\boldsymbol{r}'$ 和 $\boldsymbol{t}$ 计算得到 $\boldsymbol{r}$ 和

$\boldsymbol{t}'$，从而可以计算 $h_1(M,\boldsymbol{t}')$ 和 $h_2(M,\boldsymbol{r})$。于是 Bob 可以通过计算 $\sigma+h_2(M,\boldsymbol{r})=\boldsymbol{e}(\mathrm{mod}\ q)$ 获得真实的签名向量。显然该签名满足 $||\boldsymbol{e}||\leqslant s\sqrt{2m}$ 和 $(\boldsymbol{A},\boldsymbol{B})\boldsymbol{e}=h_1(M,\boldsymbol{t}')$。从而一个合法签名能够被验证算法接受，正确性得证。

2. 不可传递性

由方案的模拟算法知，签名的副本与真实的签名是统计不可区分的，从而验证者 Bob 无法向第三方出示该签名并使对方相信该签名来自 Alice。

3. 强性

由签名的构成可知，Alice 对消息的签名是以 Bob 的公钥“加密”的密文出现的，从而签名与随机比特串不可区分，只有利用对应的密钥“解密”获得真正的密文才可能验证签名的正确性。方案满足强性。

4. 不可伪造性

定理 4.3 假如 SIS 问题是困难的，则在随机预言机模型下本节所提方案满足存在性不可伪造性。

证明： 为了推出矛盾，我们假设存在一个 PPT 敌手 $\mathcal{A}$ 能够以不可忽略的优势 ϵ，伪造一个 Alice 是签名者、Bob 是指定验证者的 SDVS 签名，其中，敌手可以进行 q_1 次 h_1 预言机询问、q_2 次 h_2 预言机询问、q_3 次签名询问以及 q_4 次指定验证者验证询问。我们来构造一个挑战者 $\mathcal{C}$ 以优势 $(1-2^{-\omega(\log n)})\epsilon$ 来求解 SIS 问题。

设挑战者 $\mathcal{C}$ 收到一个 SIS 问题的实例 $(\boldsymbol{A}\in\mathbb{Z}_q^{n\times 2m},q,n,s)$，并希望能够得到一个向量 $\boldsymbol{v}$，满足：

$$||\boldsymbol{v}||\leqslant 2s\sqrt{2m},\boldsymbol{A}\boldsymbol{v}=0(\mathrm{mod}\ q)$$

令

$$\boldsymbol{A}=(\boldsymbol{A}_1||\boldsymbol{A}_2),\boldsymbol{A}_i\in Z_q^{n\times m},i=(1,2)$$

发送 $\boldsymbol{A}_1$ 作为 Alice 的公钥，$\boldsymbol{A}_2$ 作为 Bob 的公钥给敌手。为了维持一致性，挑战者维护 3 个列表 $L_i, i=(1,2,3)$ 分别用来存储 h_1、h_2 随机预言机询问和签名询问的答案。

（1）h_1 询问。对任意消息 M_i 的 h_1 询问，其中 $i \leqslant q_1$，挑战者首先查看列表 L_1，若相应的消息存在于列表 L_1 中，则返回列表中的 $\boldsymbol{h}_{1i}$ 给敌手；否则，消息是新鲜的，挑战者随机选择一个向量 $\boldsymbol{v}_i$ 满足 $||\boldsymbol{v}_i|| \leqslant s\sqrt{2m}$，并计算 $\boldsymbol{A}\boldsymbol{v}_i = \boldsymbol{h}_{1i}(\bmod q)$，再选择一个随机向量 $\boldsymbol{t}_i' \in \mathbb{Z}_q^n$，返回 $\boldsymbol{h}_{1i}$ 作为该次询问的应答。挑战者将 $(M_i, \boldsymbol{v}_i, \boldsymbol{h}_{1i}, \boldsymbol{t}_i')$ 存入列表 L_1。

（2）h_2 询问。当消息 M_i 执行 h_2 询问时，其中 $i \leqslant q_2$，挑战者查看列表 L_2 以确定该询问是新鲜的，否则返回同样的答案。对一个新鲜的 h_2 询问，挑战者选择随机向量 $\boldsymbol{h}_{2i} \in \mathbb{Z}_q^{2m}$ 和 $\boldsymbol{r} \in \mathbb{Z}_q^n$，返回 $\boldsymbol{h}_{2i}$ 作为询问的答案，并将 $(M_i, \boldsymbol{r}, \boldsymbol{h}_{2i})$ 存入列表 L_2。

（3）签名询问。对任意消息 M_i，其中 $i \leqslant q_3$，不妨设消息是新鲜的，挑战者由列表 L_1 得到 $(\boldsymbol{v}_i, \boldsymbol{h}_{1i}, \boldsymbol{t}_i')$，并由列表 L_2 得到 $(\boldsymbol{r}, \boldsymbol{h}_{2i})$。接下来，挑战者计算 $\sigma_i = (\boldsymbol{v}_i + \boldsymbol{h}_{2i})(\bmod q)$，$\boldsymbol{r}' = (\boldsymbol{A}_2^{\mathrm{T}}\boldsymbol{r} + \boldsymbol{x}_{1i})(\bmod q)$ 及 $\boldsymbol{t}_i = (\boldsymbol{A}_2^{\mathrm{T}}\boldsymbol{t}' + \boldsymbol{x}_{2i})(\bmod q)$，其中误差向量 $\boldsymbol{x}_{1i}, \boldsymbol{x}_{2i}$ 服从分布 $\bar{\Phi}_\alpha^m$。则 $(\sigma_i, \boldsymbol{r}_i', \boldsymbol{t}_i)$ 作为该消息的 SDVS 发送给敌手。挑战者将 $(M_i, \sigma_i, \boldsymbol{r}_i', \boldsymbol{t}_i)$ 存入 L_3。

（4）验证询问。挑战者通过列表 L_1、L_2 的记录可以打开任何一个由挑战者生成的指定验证签名，并向敌手证明该签名是正确的。

在所有询问结束后，敌手 $\mathcal{A}$ 以概率 ϵ 给出一个伪造的 SDVS 签名 $(M_{i^*}, \sigma_{i^*}, \boldsymbol{r}_{i^*}, \boldsymbol{t}_{i^*})$。挑战者以敌手的输出以及自己存储于三个列表中的记录来解决 SIS 问题。

首先，挑战者分别从列表 L_1、L_2 中获得 $\boldsymbol{h}_{1i^*}$ 和 $\boldsymbol{h}_{2i^*}$，从而挑战者得到向量 $\boldsymbol{e}_{i^*}$，满足

$$||\boldsymbol{e}_{i^*}|| \leqslant s\sqrt{2m}, \boldsymbol{A}\boldsymbol{e}_{i^*} = \boldsymbol{h}_{1i^*}(\bmod q)$$

接下来，由列表 L_1 得到 $\boldsymbol{v}_{i^*}$，并有 $\boldsymbol{A}\boldsymbol{v}_{i^*} = h_{1i^*}(\bmod q)$ 成立。

最后，查看是否有 $\boldsymbol{e}_{i^*} \neq \boldsymbol{v}_{i^*}$ 成立。若 $\boldsymbol{e}_{i^*} = \boldsymbol{v}_{i^*}$，则挑战者终止游戏并宣布失败。若成立，则有

$$\boldsymbol{A}(\boldsymbol{v}_{i^*} - \boldsymbol{e}_{i^*}) = 0(\bmod q)$$

由

$$||\boldsymbol{v}_{i^*}|| \leqslant s\sqrt{2m}, ||\boldsymbol{e}_{i^*}|| \leqslant s\sqrt{2m}$$

可知 $||\boldsymbol{v}_{i^*} - \boldsymbol{e}_{i^*}|| \leqslant 2s\sqrt{2m}$ 成立。从而挑战者得到一个 SIS 问题的解。

下面分析挑战者成功的优势。挑战者能够成功的条件是 $\boldsymbol{e}_{i^*} \neq \boldsymbol{v}_{i^*}$ 成立。由于向量 $\boldsymbol{e}_{i^*}$ 和 $\boldsymbol{v}_{i^*}$ 都是 hash 值 $\boldsymbol{h}_{1i^*}$ 在陷门单向函数 $f_A(\boldsymbol{x}) = \boldsymbol{Ax}(\text{mod } q)$ 下的原像，由文献 [38]，$\boldsymbol{h}_{1i^*}$ 在该陷门单向函数下的原像个数至少为 $2^{\omega(\log n)}$，从而 $\boldsymbol{e}_{i^*} \neq \boldsymbol{v}_{i^*}$ 成立的概率至少为 $1 - 2^{-\omega(\log n)}$。所以挑战者能够解决 SIS 问题的概率至少为 $(1 - 2^{-\omega(\log n)})\epsilon$。 □

4.2.5 强指定验证者环签名

将本节强指定验证者签名的设计方法与上一节环签名的设计方法结合，很容易得到如下的格基强指定验证者环签名的设计。

参数 $n, m, q, \beta, \tilde{L}, s$ 同上述 SDVS 方案。定义两个安全的、抗碰撞的哈希函数：

$$h_1 : (0,1)^* \times \mathbb{Z}_q^n \to \mathbb{Z}_q^n, h_2 : (0,1)^* \times Z_q^n \to \mathbb{Z}_q^{(l+1)m}$$

设环用户为 U_i, $i = 1, 2, \cdots, l$。

1. 密钥生成

生成用户 U_i 的公钥、密钥方式与 SDVS 方案中 Alice 的签名对的生成方式一致，设为 $\boldsymbol{A}_i \in \mathbb{Z}_q^{n\times m}$ 和 $\boldsymbol{T}_i \in \mathbb{Z}_q^{m\times m}$。一个第三方（或者由环成员来完成）级联所有的用户公钥矩阵得到 $\boldsymbol{A} = (\boldsymbol{A}_1||\boldsymbol{A}_2||\cdots||\boldsymbol{A}_l)$。生成 Bob 的公钥、私钥如 SDVS 方案所述，记作 $\boldsymbol{B} \in \mathbb{Z}_q^{n\times m}/\boldsymbol{T}_{\text{B}} \in \mathbb{Z}_q^{m\times m}$。

2. 签名

环用户 U_i 首先利用自己的私钥 $\boldsymbol{T}_i \in \mathbb{Z}_q^{m\times m}$ 得到新的陷门基

$$\boldsymbol{T} = \text{ExBasis}(\boldsymbol{T}_i, \boldsymbol{A}, \boldsymbol{A}_i, s)$$

接下来，U_i 如 SDVS 方案的签名算法所述实现对消息的签名。

3. 验证与副本模拟

签名验证阶段同上节 SDVS 方案。副本模拟阶段中 Bob 首先利用自己的陷门基 $\boldsymbol{T}_{\mathrm{B}} \in \mathbb{Z}_q^{m\times m}$ 得到格 $\Lambda_q^{\perp}(\boldsymbol{A}||\boldsymbol{B})$ 的新陷门基

$$\boldsymbol{T}' = \mathrm{ExBasis}(\boldsymbol{T}_{\mathrm{B}}, (\boldsymbol{A}||\boldsymbol{B}), \boldsymbol{B}, s)$$

进而如模拟算法所述生成签名副本。详细过程略。

4.2.6　方案分析

1. 匿名性

定理 4.4　本节提出的强指定验证者环签名满足无条件匿名性。

证明： 注意，$\boldsymbol{r}'$ 和 $\boldsymbol{t}$ 是 LWE 问题实例，由 LWE 问题的困难性，向量 $\boldsymbol{r}'$ 和 $\boldsymbol{t}$ 近似可以看作随机向量，从而不会泄露任何签名人的信息。而向量 $\boldsymbol{e} = (\boldsymbol{e}_1||\boldsymbol{e}_2||\cdots||\boldsymbol{e}_l||\boldsymbol{e}_b) \in \mathbb{Z}_q^{(l+1)m}$ 统计接近离散高斯分布，从而 $\boldsymbol{e}$ 也不会泄露签名人的身份。 □

2. 不可传递性

由签名副本的生成算法可知，由指定验证者生成的签名副本和真实签名者生成的签名满足不可区分性，指定验证者无法使任何人相信该签名是由 Alice 签署的，从而满足不可传递性。

3. 不可伪造性

定理 4.5　假如存在一个攻击者能够以概率 ϵ 生成伪造的强指定验证者环签名，则可以构造一个挑战者以接近 ϵ 的概率解决 SIS 问题。

证明： 假设存在一个 PPT 敌手 $\mathcal{A}$ 以概率 ϵ 伪造一个强指定验证者环签名，其中敌手可以进行 q_1 次 h_1 预言机询问、q_2 次 h_2 预言机询问、q_3 次签名询问和 q_4 次指定验证者的验证询问。我们可以构造一个挑战者 $\mathcal{C}$ 来求解 SIS 问题。

假设挑战者 $\mathcal{C}$ 收到一个 SIS 问题实例 $(\boldsymbol{A}\in Z_q^{n\times(l+1)m},q,n,s)$，$\mathcal{C}$ 希望得到一个向量 $\boldsymbol{v}$ 满足 $||\boldsymbol{v}||\leqslant 2s\sqrt{(l+1)m}$ 和 $\boldsymbol{Av}=0(\bmod q)$。令 $\boldsymbol{A}=(\boldsymbol{A}_1||\boldsymbol{A}_2||\cdots||\boldsymbol{A}_l||\boldsymbol{A}_{l+1})$，$\boldsymbol{A}_i\in\mathbb{Z}_q^{n\times m}$，发送 $\boldsymbol{A}_i,i\leqslant l$ 作为环成员的公钥，$\boldsymbol{A}_{l+1}$ 作为指定验证者的公钥给敌手 $\mathcal{A}$。挑战者维护 3 个列表 $L_i,i=(1,2,3)$ 分别用来存储随机预言机 h_1、h_2 和签名询问的答案。

（1）h_1 询问。收到消息 M_i，$i\leqslant q_1$ 后，挑战者首先检查列表 L_1，如果该消息存在于列表 L_1，则返回相同的答案 $\boldsymbol{h}_{1i}$ 给 $\mathcal{A}$。若不然，对一个新鲜的消息，挑战者随机选择向量 $\boldsymbol{v}_i$ 满足 $||\boldsymbol{v}_i||\leqslant s\sqrt{(l+1)m}$ 以及一个随机向量 $\boldsymbol{t}_i'\in\mathbb{Z}_q^n$，并计算 $\boldsymbol{Av}_i=\boldsymbol{h}_{1i}(\bmod q)$，返回 $\boldsymbol{h}_{1i}$ 作为该询问的应答。挑战者将 $(M_i,\boldsymbol{v}_i,\boldsymbol{h}_{1i},\boldsymbol{t}_i')$ 存入列表 L_1。

（2）h_2 询问。当收到消息 M_i 要求执行 h_2 询问时，挑战者依然首先查看列表 L_2，假如该消息存在于列表中，则返回相同的应答 $\boldsymbol{h}_{2i}\in\mathbb{Z}_q^{(l+1)m}$。否则，挑战者选择两个随机向量 $\boldsymbol{h}_{2i}\in\mathbb{Z}_q^{(l+1)m}$ 和 $\boldsymbol{r}_i$，将 $\boldsymbol{h}_{2i}$ 作为应答并将 $(M_i,\boldsymbol{r}_i,\boldsymbol{h}_{2i})$ 存入列表 L_2。

（3）签名询问。当挑战者被要求生成消息 M_i 的签名时，挑战者由列表 L_1 查找到对应的向量 $(\boldsymbol{v}_i,\boldsymbol{h}_{1i},\boldsymbol{t}_i')$，并由列表 L_2 得到 $\boldsymbol{r}_i,\boldsymbol{h}_{2i}$。接下来，挑战者计算 $\sigma_i=(\boldsymbol{v}_i+\boldsymbol{h}_{2i})(\bmod q)$。挑战者继续计算：

$$\boldsymbol{r}_i'=\boldsymbol{A}_{l+1}^{\mathrm{T}}\boldsymbol{r}+\boldsymbol{x}_{i1}(\bmod q),\boldsymbol{t}_i=\boldsymbol{A}_{l+1}^{\mathrm{T}}\boldsymbol{t}'+\boldsymbol{x}_{i2}(\bmod q)$$

其中差错向量 $\boldsymbol{x}_{i1},\boldsymbol{x}_{i2}\sim\tilde{\varPhi}_\alpha^m$。挑战者在 L_3 中存储 $M_i,\sigma_i,\boldsymbol{r}_i',\boldsymbol{t}_i$。于是挑战者将 $(\sigma_i,\boldsymbol{r}_i',\boldsymbol{t}_i)$ 发送给敌手作为应答。

（4）指定验证者验证询问。为了验证签名 $(M_i,\sigma_i,\boldsymbol{r}_i',\boldsymbol{t}_i)$，挑战者由列表 L_1、L_2 查找相应的 $\boldsymbol{h}_{1i},\boldsymbol{t}_i'$ 和 $\boldsymbol{h}_{2i}$。于是 $\sigma_i+\boldsymbol{h}_{2i}=\boldsymbol{v}_i(\bmod q)$ 成立。接下来，挑战者可以如验证算法所述验证该签名成立。

执行完所有的询问后敌手以概率 ϵ 生成一个消息的伪造签名 $(M_{i^*},\sigma_{i^*},\boldsymbol{r}_{i^*}',\boldsymbol{t}_{i^*})$。于是挑战者可以借助 $(M_{i^*},\sigma_{i^*},\boldsymbol{r}_{i^*}',\boldsymbol{t}_{i^*})$ 以及 3 个列表的记录来求解 SIS 问题实例的解。

首先，由列表 L_1、L_2 获得 $\boldsymbol{h}_{1i^*}$ 和 $\boldsymbol{h}_{2i^*}$。于是，挑战者可以得到一个向量 $\boldsymbol{e}_{i^*}$，有 $||\boldsymbol{e}_{i^*}||\leqslant s\sqrt{(l+1)m}$ 和 $\boldsymbol{Av}_{i^*}=\boldsymbol{h}_{1i^*}$ 成立。

接下来，由 L_1 得到 $\boldsymbol{v}_{i^*}$，则 $\boldsymbol{Av}_{i^*}=\boldsymbol{h}_{1i^*}(\bmod q)$。

最后，若 $\boldsymbol{e}_{i^*} \neq \boldsymbol{v}_{i^*}$，则 $\boldsymbol{A}\boldsymbol{v}_{i^*} = \boldsymbol{A}\boldsymbol{e}_{i^*} (\bmod\ q)$，即 $\boldsymbol{A}(\boldsymbol{v}_{i^*} - \boldsymbol{e}_{i^*}) = 0 (\bmod\ q)$。又因为

$$||\boldsymbol{v}_{i^*}|| \leqslant s\sqrt{(l+1)m},\ \ ||\boldsymbol{e}_{i^*}|| \leqslant s\sqrt{(l+1)m}$$

于是

$$||\boldsymbol{v}_{i^*} - \boldsymbol{e}_{i^*}|| \leqslant 2s\sqrt{(l+1)m}$$

即挑战者得到了一个 SIS 问题实例的解。假如 $\boldsymbol{e}_{i^*} = \boldsymbol{v}_{i^*}$，则挑战者终止游戏并宣布失败。

接下来分析挑战者成功的优势。在敌手能够成功地给出伪造签名的前提下，挑战者能够解 SIS 问题实例的条件是 $\boldsymbol{e}_{i^*} \neq \boldsymbol{v}_{i^*}$。注意，$\boldsymbol{e}_i^*$ 和 $\boldsymbol{v}_i^*$ 都是向量 $\boldsymbol{h}_{1i^*}$ 在陷门单向函数 $f_A(\boldsymbol{x}) = \boldsymbol{A}\boldsymbol{x} (\bmod\ q)$ 下的原像。由文献 [38]，$\boldsymbol{h}_{1i^*}$ 的原像的数目至少是 $2^{\omega(\log n)}$，从而，$\boldsymbol{e}_{i^*} \neq \boldsymbol{v}_{i^*}$ 的概率至少是 $1-2^{-\omega(\log n)}$。于是挑战者的优势至少是 $(1-2^{-\omega(\log n)})\epsilon$。 □

4.3　格基可验证加密的签名方案

4.3.1　引言

可验证加密的签名（Verifiably Encrypted Signature，VES）方案首先由 Boneh 等人在 Eurocrypt'03 上提出 [77]。不正式地讲，在一个 VES 方案中签名者 Alice 可以为验证者 Bob 签署一个消息，然而 Bob 却不能马上拥有该消息的签名，直到某个时间点以后，Bob 才能拥有该消息的签名。不过，在此时间点之前，Bob 可以确信 Alice 已经为自己签署了该消息，尽管自己无法掌握该签名。一般的，VES 方案可以如下设计：首先，Alice 完成该消息的标准签名；其次，Alice 利用一个可信第三方 (Adjudicator，判决者) 的公钥加密该签名，并生成该消息的一个知识证明，使得 Bob 相信该密文是在判决者的公钥下加密消息的签名得到的；最后，Bob 可以在达到某时间点后要求判决者来解密密文，从而获得 Alice 的真正签名。

VES 的这种基于公平性方面的安全考虑使其可以被广泛地应用于公平交换协议、在线合同签署等领域 [78−81]。近年来，密码学者基于标准数论假设提出了多个 VES 方

案 [82−87]。Ruckert 等学者构造了第一个标准模型下的格基 VES 方案 [87]，然而该方案是静态的，如何设计一个静态的 VES 方案成为急需解决的问题。

本节提出了一个静态的格基 VES 方案，该方案的不可伪造性是基于格上 SIS 问题的困难性，而方案的不透明性则是基于 LWE 问题的困难性。

4.3.2 形式化定义

定义 4.3 一个可验证加密的签名（VES）方案包含以下七个有效的算法。

• 判决者密钥生成: 该算法生成判决者的公钥和私钥对 (APK，ASK)。

• 密钥生成、签名以及验证算法的定义同一个标准的数字签名方案。

•VES 生成: 给定签名者的私钥 SK、消息 M 以及判决者的公钥 APK，计算一个可验证加密的签名 ω。

•VES 验证: 给定签名者的公钥 PK、消息 M、判决者的公钥 APK 以及消息 M 的 VES ω，如果 ω 是一个合法的 VES，则输出 "1"，否则，输出 "0"。

• 判决: 给定 (APK，ASK，PK，ω，M)，判决者抽取一个消息 M 在公钥 PK 下的普通签名 v。

不正式地说，一个 VES 方案应该满足以下安全性质 [88]。

（1）正确性: 对所有正确生成的用户公、私钥对以及判决者的公、私钥对，合法生成的签名和 VES 应该能够通过验证算法和 VES 验证算法。

（2）不可伪造性: 伪造一个 "合法" 的 VES 应该是困难的。

（3）不透明性: 除判决者外，从一个 VES 签名中抽取一个普通签名应该是困难的。

以下给出不可伪造性和不透明性的具体定义。

定义 4.4 如果没有任何概率多项式时间的敌手能够赢得以下的 Game 1，则称该 VES 方案满足在适应性选择消息攻击下的存在性不可伪造性。

Game 1：该游戏是挑战者 $\mathcal{C}$ 和敌手 $\mathcal{A}$ 之间的游戏，包含以下三个阶段。

（1）$\mathcal{C}$ 运行判决者密钥生成和密钥生成算法生成 VES 方案的所有公、私钥对，以及相应的系统参数，并将判决者和用户的公钥连同其他公开参数发送给 $\mathcal{A}$。

（2）$\mathcal{A}$ 适应性地进行以下询问。

① 签名询问：敌手可以访问签名预言机获得任何消息 M_i 的普通签名 v_i。

② 可验证加密签名询问：敌手可以获得任何选择的消息 M_i 的 VES ω_i。

③ 判决询问：给定消息 M_i 及其 VES ω_i，返回该消息对应的普通签名 v_i 作为应答。

（3）$\mathcal{A}$ 以不可忽略的概率生成一个新消息 M^* 的 VES ω^*。

$\mathcal{A}$ 赢得 Game 1 当且仅当：

① ω^* 是 M^* 的一个合法 VES；

② M^* 从未执行过签名询问和可验证加密签名询问。

定义 4.5　如果不存在多项式时间的敌手能够赢得 Game 2，则一个 VES 方案满足不透明性。

Game 2：该游戏是挑战者 $\mathcal{C}$ 和敌手 $\mathcal{A}$ 之间的游戏，包含以下三个阶段。

（1）$\mathcal{C}$ 运行判决者密钥生成和密钥生成算法，生成 VES 方案的所有公、私钥对以及系统参数，并将判决者和用户的公钥连同其他公开参数发送给 $\mathcal{A}$。

（2）$\mathcal{A}$ 适应性地进行以下询问。

① 签名询问：敌手可以访问签名预言机获得任何消息 M_i 的普通签名 v_i。

② 可验证加密签名询问：敌手可以获得任何选择的消息 M_i 的 VES ω_i。

③ 判决询问：给定消息 M_i 及其 VES ω_i，返回该消息对应的普通签名 v_i 作为应答。

（3）$\mathcal{A}$ 以不可忽略的概率生成一个新消息 M^* 的 VES v^*。

$\mathcal{A}$ 赢得 Game 2 当且仅当：

① v^* 是 M^* 的一个合法的普通签名；

② M^* 从未执行过签名询问；

③ (M^*,ω^*) 从未执行过判决询问，其中 ω^* 是该消息的 VES。

4.3.3　方案描述

作为本书的一个工具，我们首先给出一个 PSF 函数的推广算法，该算法是由 Gordon 等人在设计格基群签名的工作中提出的 [28]。我们将此算法作为本方案的一个基本工具使用。

引理 4.1 存在一个 PPT 算法以参数 $n, q = \text{poly}(n), m > n + 8n\log q, s$ 以及一个矩阵 $\boldsymbol{B} \in \mathbb{Z}_q^{n\times m}$ 作为输入，输出矩阵 $\boldsymbol{A} \in \mathbb{Z}_q^{n\times m}$ 和 $\boldsymbol{T} \in \mathbb{Z}_q^{m\times m}$，满足:

① 矩阵 $\boldsymbol{A}$ 的分布统计接近均匀分布并且 $\boldsymbol{A}\boldsymbol{B}^{\mathrm{T}} = 0 (\text{mod } q)$ 成立;

② $\|\boldsymbol{T}\| \leqslant O(n\log q)$ 并且 $\boldsymbol{A}\boldsymbol{T} = 0 (\text{mod } q)$。

令 n 为安全参数，$q = \text{poly}(n), m > n + 8n\log q$。$s \geqslant \omega(\sqrt{\log m})$ 为一个高斯参数。参数 $k = \omega(\log n)$ 为整数。令 $h : \{0,1\}^* \to \mathbb{Z}_q^n$ 为一个安全的、抗碰撞的 hash 函数。设 Alice 为签名者，验证者为 Bob，而 Adjudicator 作为一个判决者是一个可信的第三方。

1. 判决者密钥生成

Adjudicator 运行陷门抽样算法，得到一个随机矩阵 $\boldsymbol{B} \in \mathbb{Z}_q^{n\times m}$ 以及相应的陷门基 $\boldsymbol{T} \in \mathbb{Z}_q^{m\times m}$，则 $(\text{APK}, \text{ASK}) = (\boldsymbol{B}, \boldsymbol{T})$。

2. 密钥生成

Alice 以 $(n, m, q, s, \boldsymbol{B})$ 为输入运行陷门抽样算法，得到一个输出矩阵 $\boldsymbol{A} \in \mathbb{Z}_q^{n\times m}$ 以及陷门基 $\boldsymbol{T}' \in \mathbb{Z}_q^{m\times m}$，则 $(\text{PK}, \text{SK}) = (\boldsymbol{A}, \boldsymbol{T}')$。

3. 签名

给定 M，Alice 选择一个随机比特串 $r \in \{0,1\}^k$，计算 $h(M|r)$。令

$$\boldsymbol{e} \leftarrow \text{SamplePre}(\boldsymbol{A}, \boldsymbol{T}', h(M||r), s)$$

则 $(\boldsymbol{e}, r)$ 作为普通签名。

4. 验证

当且仅当

$$\boldsymbol{A}\boldsymbol{e} = h(M||r)(\text{mod } q), \|\boldsymbol{e}\| \leqslant s\sqrt{m}$$

时，该签名合法。

5. VES 签名生成

Alice 选择两个随机向量 $\boldsymbol{s}_1, \boldsymbol{s}_2 \in \mathbb{Z}_q^n$，按照高斯分布 $D_{\mathbb{Z}_q^m,s,0}$ 选择一个差错向量 $\boldsymbol{e}'$。Alice 计算

$$\boldsymbol{y}_1 = \boldsymbol{B}^{\mathrm{T}}\boldsymbol{s}_1 + \boldsymbol{e}(\bmod\ q), \boldsymbol{y}_2 = \boldsymbol{B}^{\mathrm{T}}\boldsymbol{s}_2 + \boldsymbol{e}'(\bmod\ q)$$

并且

$$\mu = (\boldsymbol{s}_1 + \boldsymbol{s}_2)(\bmod\ q)$$

Alice 生成一个 NIWI（Non-Interactive Witness-Indistinguishable）证明 π 来说明向量 $\boldsymbol{y}_2$ 接近格 $\Lambda(\boldsymbol{B}^{\mathrm{T}})$，该技术的应用与文献 [28] 类似。

从而 Alice 发布消息 M 的 VES: $\omega = (\boldsymbol{y}_1, \boldsymbol{y}_2, \pi, \mu, r, M)$。

6. VES 验证

Bob 计算

$$\boldsymbol{A}\boldsymbol{y}_2(\bmod\ q), \boldsymbol{c} = \boldsymbol{y}_1 + \boldsymbol{y}_2 - \boldsymbol{B}^{\mathrm{T}}\mu, \boldsymbol{A}\boldsymbol{c}(\bmod\ q), h(M||r)$$

Bob 接受该 VES 当且仅当:

① π 是正确的;

② $h(M||r) = \boldsymbol{A}\boldsymbol{y}_1(\bmod\ q)$;

③ $\boldsymbol{A}\boldsymbol{c} = (h(M||r) + \boldsymbol{A}\boldsymbol{y}_2)(\bmod\ q)$;

④ $\|\boldsymbol{c}\| \leqslant 2s\sqrt{m}$。

7. 判决

利用私钥 $\boldsymbol{T}$, 判决者可以从 $\boldsymbol{y}_1$ 中抽取 $(\boldsymbol{e}, \boldsymbol{s}_1)$。于是, 假如 $\boldsymbol{y}_1 = \boldsymbol{B}^{\mathrm{T}}\boldsymbol{s}_1 + \boldsymbol{e}(\bmod\ q), \boldsymbol{A}\boldsymbol{e} = h(M||r)(\bmod\ q)$ 并且 $\|\boldsymbol{e}\| \leqslant s\sqrt{m}$，判决者接受签名，否则拒绝。

4.3.4 方案分析

1. 正确性

令 $\omega = (\boldsymbol{y}_1, \boldsymbol{y}_2, \pi, \mu, r, M)$ 是 VES 生成算法的一个输出。方案的正确性可以由以下结论推出。

（1）因为 Alice 知道 $\boldsymbol{s}_2$，从而 Alice 完全可以生成一个 NIWI 证明 π。

（2）因为 $\boldsymbol{A}\boldsymbol{y}_1 = \boldsymbol{A}(\boldsymbol{B}^{\mathrm{T}}\boldsymbol{s} + \boldsymbol{e}) = \boldsymbol{A}\boldsymbol{e} = h(M\|r)(\bmod\ q)$，所以 $\boldsymbol{A}\boldsymbol{e}' = \boldsymbol{A}\boldsymbol{y}_2(\bmod\ q)$。

（3）又因为 $\boldsymbol{c} = (\boldsymbol{y}_1 + \boldsymbol{y}_2 - \boldsymbol{B}\mu) = (\boldsymbol{e} + \boldsymbol{e}')(\bmod\ q)$，从而 $\boldsymbol{A}\boldsymbol{c} = (h(M\|r) + \boldsymbol{A}\boldsymbol{y}_2)(\bmod\ q)$。

（4）而 $\|\boldsymbol{e}\| \leqslant s\sqrt{m}$, $\|\boldsymbol{e}'\| \leqslant s\sqrt{m}$ 成立，所以 $\|\boldsymbol{c}\| \leqslant \|\boldsymbol{e}\| + \|\boldsymbol{e}'\| \leqslant 2s\sqrt{m}$。

即一个合法的 VES 可以通过验证，正确性得证。

2. 存在性不可伪造性

定理 4.6 对任何以不可忽略的优势 ϵ 攻击方案的存在性不可伪造性的敌手 $\mathcal{A}$，随机预言机模型下总可以构造一个挑战者 $\mathcal{C}$ 可以以接近 ϵ 的概率求解 SIS 问题。

证明： 假设一个 PPT 的敌手 $\mathcal{A}$ 可以以概率 ϵ 伪造一个 VES，敌手被允许进行 q_1 次随机预言机询问、q_2 次 VES 询问和 q_3 次判决询问，我们来构造一个有效的挑战者 $\mathcal{C}$ 可以求解一个 SIS 问题实例。

假设 $\mathcal{C}$ 收到一个 SIS 问题实例 $(\boldsymbol{A}, n, m, q, s)$。$\mathcal{C}$ 希望得到一个向量 $\boldsymbol{e}$，满足：

$$\boldsymbol{A}\boldsymbol{e} = 0(\bmod\ q), \|\boldsymbol{e}\| \leqslant 2s\sqrt{m}$$

$\mathcal{C}$ 计算 $\boldsymbol{B}$ 满足 $\boldsymbol{A}\boldsymbol{B}^{\mathrm{T}} = 0(\bmod\ q)$。$\mathcal{C}$ 发送 $(\boldsymbol{A}, \boldsymbol{B}, n, m, q, s)$ 给 $\mathcal{A}$，其中 $\boldsymbol{A}$ 是签名者的公钥，而 $\boldsymbol{B}$ 是判决者的公钥。$\mathcal{C}$ 维护两个列表 L_1、L_2 以分别存储随机预言机询问和 VES 询问的应答。

（1）hash 询问。收到一个消息 M_i，$\mathcal{C}$ 在列表 L_1 中查找消息 M_i，假如这样的条目存在于列表，则返回相同的应答。若不然，消息是新鲜的，$\mathcal{C}$ 随机选择一个比特串 $r \in \{0,1\}^k$ 以及向量 $\boldsymbol{e}_i \sim D_{\mathbb{Z}^m,s,0}$。$\mathcal{C}$ 计算 $\boldsymbol{h}_i = \boldsymbol{A}\boldsymbol{e}_i(\bmod\ q)$。$(\boldsymbol{e}_i, r_i)$ 作为该询问的应答。$\mathcal{C}$ 将

$(\boldsymbol{e}_i, r_i, m_i, h_i)$ 存入列表 L_1。

（2）VES 生成询问与签名询问。不失一般性，假设 $\mathcal{A}$ 在执行 VES 签名询问前已经执行过随机预言机询问。为了回答一个针对 hash 值 h_i 的 VES 询问，$\mathcal{C}$ 首先确保 h_i 从未被询问过，假如 h_i 是新鲜的，$\mathcal{C}$ 选择向量 $\boldsymbol{s}_{1i}, \boldsymbol{s}_{2i} \in \mathbb{Z}_q^n$ 以及一个小向量 $\boldsymbol{e}_i'$ 满足 $\|\boldsymbol{e}_i'\| \leqslant s\sqrt{m}$。$\mathcal{C}$ 在列表 L_1 中找到与 h_i 对应的记录 $(\boldsymbol{e}_i, r_i)$（该记录即是普通签名询问阶段的答案）。为了生成消息的一个 VES，如 VES 签名生成算法所示，计算 $\boldsymbol{y}_{1i}, \boldsymbol{y}_{2i}, \mu_i$。$\mathcal{C}$ 最后构造一个 NIWI 证明 π_i。发送 $\omega_i = (\boldsymbol{y}_{1i}, \boldsymbol{y}_{2i}, \pi_i, \mu_i, r_i, M_i)$ 作为 VES。最后，$\mathcal{C}$ 存储 $(\omega_i, \boldsymbol{s}_{1i}, \boldsymbol{s}_{2i}, \boldsymbol{e}_i', \boldsymbol{e}_i, h_i)$ 到 L_2。

（3）判决询问。显然 $\mathcal{C}$ 可以利用 L_2 的记录打开一个 VES 以完成判决询问。

当所有询问完成后，$\mathcal{A}$ 以概率 ε 输出一个伪造的 VES$(\bar{\omega}_j, \bar{m}_j)$。$\mathcal{C}$ 可以由 L_1 得到 $\boldsymbol{e}_j$，并通过敌手 $\mathcal{A}$ 抽取一个向量 $\bar{\boldsymbol{e}}_j$，满足

$$\boldsymbol{A}\boldsymbol{e}_j = \boldsymbol{A}\bar{\boldsymbol{e}}_j (\bmod\ q), \quad \|\boldsymbol{e}_j - \bar{\boldsymbol{e}}_j\| \leqslant 2s\sqrt{m}$$

假如 $\boldsymbol{e}_j \neq \bar{\boldsymbol{e}}_j$，$\mathcal{C}$ 立即得到一个 SIS 问题的解。由文献 [38]，$\boldsymbol{e}_j \neq \bar{\boldsymbol{e}}_j$ 的概率至少是 $1 - 2^{-\omega(\log n)}$。从而 $\mathcal{C}$ 得到一个 SIS 问题的解的概率为 $(1 - 2^{-\omega(\log n)})\epsilon$。 □

3. 不透明性

定理 4.7 假如存在 $\mathcal{A}$ 以概率 ϵ，并接入随机预言机 q_1 次，进行 VES 询问 q_2 次以及判决询问 q_3 次，来攻击方案的不透明性，我们可以构造一个挑战者 $\mathcal{C}$ 以概率 $\dfrac{(q_1 - q_3)\epsilon}{q_1(q_2 - q_3)}$ 来解决 $\text{LWE}_{m,q,D_{\mathbb{Z},\sqrt{2}q\alpha}}$ 问题。

证明： 假设 $\mathcal{C}$ 收到一个 $\text{LWE}_{m,q,D_{\mathbb{Z},\sqrt{2}q\alpha}}$ 实例 $(\boldsymbol{B}, n, m, q, \boldsymbol{y})$。$\mathcal{C}$ 希望找到向量 $\boldsymbol{s} \in \mathbb{Z}_q^n$ 和 $\boldsymbol{x} \in \mathbb{Z}_q^m$，满足

$$\boldsymbol{y} = \boldsymbol{B}^{\mathrm{T}}\boldsymbol{s} + \boldsymbol{x} (\bmod\ q) \quad \|\boldsymbol{x}\| \leqslant \sqrt{2m}q\alpha$$

$\mathcal{C}$ 将 $(\boldsymbol{B}, n, m, q, s)$ 输入引理 4.1 的算法 [28]，其中 $s = \omega(\log n) \leqslant \sqrt{2}q\alpha$，设输出为

$$\boldsymbol{A} \in \mathbb{Z}_q^{n \times m}, \ \boldsymbol{T}' \in \mathbb{Z}_q^{m \times m}$$

于是 $\boldsymbol{A}$ 作为签名者的公钥，$\boldsymbol{B}$ 作为判决者的公钥。在开始游戏之前 $\mathcal{C}$ 首先猜测一个描述 i^*。$\mathcal{C}$ 维护 L_1 和 L_2 来存储随机预言机询问和 VES 询问的答案。

（1）hash 询问。设询问消息为 M_i，首先在 L_1 中查找 M_i 以确保消息新鲜。对一个新鲜的消息询问，$\mathcal{C}$ 执行以下操作:

① 若 $i=i^*$，令 $h_{i^*}=\boldsymbol{A}\boldsymbol{y}(\bmod q)$。选择一个 $r_{i^*}\in\{0,1\}^k$ 并发送 (h_{i^*},r_{i^*}) 作为应答。

② 若 $i\neq i^*$，随机选择 $\boldsymbol{e}_i$ 和 $r_i\in\{0,1\}^k$ 满足 $\|\boldsymbol{e}_i\|\leqslant s\sqrt{m}$。计算 $h_i=\boldsymbol{A}\boldsymbol{e}_i(\bmod q)$。$(h_i,r_i)$ 作为本次询问的应答。将 (h_i,r_i,h_i,m_i) 存入 L_1。

（2）签名询问。由于 $\mathcal{C}$ 掌握格 $\Lambda_q^{\perp}(\boldsymbol{A})$ 的陷门基，从而他总可以生成一个小向量 $\boldsymbol{e}$ 满足 $\boldsymbol{A}\boldsymbol{e}=h_i(\bmod q)$，作为消息的签名。

（3）VES 生成询问。对消息 M_i，$\mathcal{C}$ 确保 M_i 是新鲜的（通过 L_2 的记录）。假设 M_i 新鲜，$\mathcal{C}$ 首先在列表 L_1 中获得消息 M_i 对应的 h_i。此后，挑战者执行以下操作:

① 若 $i=i^*$，随机选择 $\mu_{i^*}\in\mathbb{Z}_q^n$ 和一个小向量 $\boldsymbol{e}'_{i^*}$，计算 $\boldsymbol{y}_{2i^*}=\boldsymbol{B}^{\mathrm{T}}\mu_{i^*}-\boldsymbol{y}+\boldsymbol{e}'_{i^*}(\bmod q)$。$\mathcal{C}$ 生成一个 NIWI 证明 π_{i^*}。令 $(\boldsymbol{y},\boldsymbol{y}_{2i^*},\mu_{i^*},r_{i^*},\pi_{i^*})$ 作为 VES 询问的应答并将其存入 L_1。

② 假如 $i\neq i^*$。$\mathcal{C}$ 可以直接利用 VES 生成算法生成对应的 VES 作为回复，并将 VES 存入列表 L_2。

（4）判决询问。假如 $i=i^*$，$\mathcal{C}$ 终止并宣布失败。若 $i\neq i^*$，$\mathcal{C}$ 可以利用两个列表的记录来打开 VES 获得对应的普通签名。

最后，敌手以概率 ϵ 输出一个普通签名 $(M_j,\boldsymbol{e}_j,r_j)$，该消息从未执行过签名询问和判决询问。假如 $j=i^*$（发生的概率为 $1/(q_2-q_3)$），$\mathcal{C}$ 可以解决上述 LWE 问题。具体的，因为 $(\boldsymbol{e}_j,r_j)$ 是一个普通签名，并且 $j=i^*$，于是 $\boldsymbol{y}=\boldsymbol{B}^{\mathrm{T}}\boldsymbol{s}_j+\boldsymbol{e}_j(\bmod q)$ 和 $\|\boldsymbol{e}_j\|\leqslant s\sqrt{m}$ 成立。从而 $\mathcal{C}$ 得到向量 $\boldsymbol{s}$ 满足 $\boldsymbol{y}=\boldsymbol{B}^{\mathrm{T}}\boldsymbol{s}_j+\boldsymbol{e}_j(\bmod q)$。假如 $j\neq i^*$，$\mathcal{C}$ 终止游戏并宣布失败。

$\mathcal{C}$ 可以完美地模拟以上询问过程，除非消息 M_{i^*} 被执行判决询问，而此事件发生的

概率为 q_3/q_1。综合以上分析，$\mathcal{C}$ 求解 LWE 问题的概率为 $\dfrac{(q_1-q_3)\epsilon}{q_1(q_2-q_3)}$。 □

4.4　格基线性同态签名方案

4.4.1　引言

同态签名由 Johnson、Molnar、Song 和 Wagner 首次提出 [89]。一个线性同态签名方案能够签署有限域 $\mathbb{F}_p$ 上 k 个 n 维线性无关的向量 $\boldsymbol{v}_1, \boldsymbol{v}_2, \cdots, \boldsymbol{v}_k$，给定这 k 个向量及其签名，任何人都能够生成以 $\boldsymbol{v}_1, \boldsymbol{v}_2, \cdots, \boldsymbol{v}_k$ 为基向量的线性子空间中任意向量的签名。同态签名的应用主要集中在网络编码中，使用同态签名不仅可以实现节点间数据的认证，最终的接收者也可以利用同态签名的 Combine 算法实现最终消息的认证。

早期的线性同态签名主要是利用离散对数问题的困难性和 RSA 安全假设构造和设计的 [90,91]，这使得这些方案必须建立在一个大域上以保证方案的安全性。实现小域上尤其是 2 元域上线性同态签名的设计有助于线性同态签名在网络编码等领域的应用。第一个 2 元域上的线性同态签名是由 Boneh 和 Freeman 在 PKC'11 上提出的 [43]，此后，Boneh 和 Freeman 又设计了一个能够实现多项式同态的同态签名方案 [44]。Boneh 和 Freeman 利用盆景树原语基于 SIS 问题的困难性首次实现了 $\mathbb{F}_2$ 上线性同态签名的设计。然而在该方案中使用的参数 $2q$ 是标准格基签名方案参数 q 的两倍，这使得该方案的公钥长度远大于标准格基签名的公钥长度。此外，由于签名过程中使用了盆景树原语，从而该方案的签名向量的维数达到 $2m$，在相同安全参数条件下致使方案的签名长度也达到标准格签名长度的两倍。因此如何缩短格基线性同态签名的空间尺寸、提高其空间效率成为一个有意义的研究方向。

本节基于原像抽样函数和一个格基安全哈希函数，设计一个更高效的线性同态签名方案。与文献 [43] 的方案比较，新方案有效缩短了公钥长度和签名长度，将线性同态签名的空间效率提高到与 GPV 标准签名方案的空间效率接近的程度。首先介绍线性同态签名的概念及其安全模型。

4.4.2 形式化定义

定义 4.6 一个标准的线性同态签名 $\mathrm{SIG}_{\mathrm{lhs}}(\mathrm{Kg}, \mathrm{Sign}, \mathrm{Vrf}, \mathrm{Combline})$ 包含如下 4 个多项式时间算法。

（1）密钥生成（Kg）。该算法输入一个安全参数 1^n，输出签名者的公钥和私钥 $(\mathrm{pk}, \mathrm{sk})$。

（2）签名（$\mathrm{Sign}(\boldsymbol{M}, \mathrm{sk}, \tau)$）。该算法以某个消息集合 V 的基向量 $\boldsymbol{M} \in V \subset \mathbb{F}_2^n$、该集合 V 的一个标签 $\tau \in \{0,1\}^*$ 以及 sk 作为输入，输出消息 $\boldsymbol{M}$ 的签名 S，表示为 $S = \mathrm{Sign}(\boldsymbol{M}, \tau, \mathrm{sk})$。

（3）验证（$\mathrm{Vrf}(\boldsymbol{M}, S, \tau, \mathrm{pk})$）。该判定算法输入向量 $\boldsymbol{M}$、签名 S、标签 τ 以及公钥 pk。假如 S 是一个合法签名，则算法输出 $b = 1$；否则，输出 $b = 0$。

（4）联合（Combline）。令 S_i 是消息 M_i 的签名，参数 L 表示可以联合的最大签名个数。输入 (pk, τ) 和 (a_i, S_i)，其中 $i \leqslant L$，$a_i \in \{0,1\}$，该算法输出一个消息 $\boldsymbol{M} = \sum_{i=1}^{L} a_i \boldsymbol{M}_i \pmod 2$ 的签名 S。

当前，我们无法实现任意多的签名的联合并依然保证通过验证算法。事实上，我们主要讨论 L-limited 线性同态签名方案，在该方案中任意 l 个签名能够被联合并保证联合后的签名能够通过验证，其中 $l \leqslant L$。

一个线性同态签名应该满足如下安全特性。

（1）正确性。一个由签名算法正确生成的线性同态签名应该被验证算法所接受。

（2）不可伪造性。

定义 4.7 如果任意多项式时间的敌手赢得以下由挑战者和敌手构成的游戏的优势是可忽略的，则称一个线性同态签名在选择消息攻击下是存在性不可伪造的。

① 系统建立。挑战者运行 Kg 算法以生成系统参数和签名者的公、私钥对 $(\mathrm{pk}, \mathrm{sk})$，并将 pk 发送给敌手。

② 签名询问。敌手适应性地选择消息空间的一个 k 维子空间 V_i，设该子空间的一组基

向量为 $\boldsymbol{v}_{i1},\cdots,\boldsymbol{v}_{ik}$。对每一个子空间 V_i，签名预言机生成一个该集合的标签 $\tau_i\in\{0,1\}^n$，并计算每一个基向量的签名 S_{ij} 给敌手，其中 $j=1,2,\cdots,k$。

③ 输出。最后，敌手输出一个 $\tau^*\in\{0,1\}^n$，以及一个新消息 M^* 的签名 S^*。

敌手赢得该游戏，如果输出的签名能够被验证算法接受并且有以下两种情况之一成立：

- 对所有的 i 有 $\tau^*\neq\tau_i$ 成立 (type 1)；
- 若存在某个 i 使得 $\tau^*=\tau_i$ 成立，则有 $M^*\notin V_i$(type 2)。

敌手的优势定义为生成上述伪造签名的概率。

（3）隐藏性。

线性同态签名的隐藏性可分为强弱两个概念。本节考虑其中较弱的概念：弱内容隐藏性。

定义 4.8　假如任何 PPT 敌手赢得下述和挑战者进行的游戏的概率是可忽略的，则这个线性同态签名方案是弱内容隐藏的。

① 系统建立。挑战者运行 Kg 算法得到 (pk, sk)，并将它们发送给敌手。

② 挑战。敌手输出 $V_0,V_1,f_1,\cdots,f_s$，其中 V_0 和 V_1 是消息空间的两个独立的 k 维线性子空间，用 $(\boldsymbol{v}_1^{(b)},\cdots,\boldsymbol{v}_k^{(b)})$ 来描述他们的一组基，其中 $b=0,1$。函数 $f_1,\cdots,f_s$ 对任意 $i=1,2,\cdots,s$ 满足 $f_i(\boldsymbol{v}_1^{(0)},\cdots,\boldsymbol{v}_k^{(0)})=f_i(\boldsymbol{v}_1^{(1)},\cdots,\boldsymbol{v}_k^{(1)})$。

为了生成挑战的回应，挑战者生成一个随机比特 $b\in\{0,1\}$ 和一个标签 $\tau\in\{0,1\}^n$。同时利用签名算法生成向量空间 V_b 的线性同态签名。签名者利用联合算法生成消息向量 $f_i(\boldsymbol{v}_1^{(b)},\cdots,\boldsymbol{v}_k^{(b)})$ 的签名 σ_i，并将 σ_i 发送给敌手。

③ 输出。敌手输出一个猜测比特 b'，假如 $b=b'$，敌手获胜。

概括地说，所谓弱内容隐藏性指没有任何 PPT 敌手能够判断是否一个签名是由集合 V_0 或者 V_1 的签名联合而来的。

4.4.3　方案描述

令 n 为一个素数，参数 $q\geqslant\beta\omega(\log n)$，其中 $\beta=\mathrm{poly}(n)$。对一个固定的常数 $c>0$，

参数 $m \geqslant cn\log q$。若参数 $\widetilde{L} \geqslant O(\sqrt{n\log q})$，则 $\sigma = \widetilde{L}\omega(\sqrt{\log n})$ 是一个高斯参数。令 L 是可以联合的签名的最大个数。抗碰撞的哈希函数 H 将任意属于 $(0,1)^*$ 的比特串映射到 $\mathbb{Z}_q^m$。在该方案中消息空间为 $\mathbb{Z}_2^m$。线性函数 f 的系数属于 $\{0,1\}$，即如果 $f(\boldsymbol{v}_1,\cdots,\boldsymbol{v}_l) = a_1\boldsymbol{v}_1+,\cdots,+a_l\boldsymbol{v}_l$，则 $a_i \in \{0,1\}$，$i \leqslant l$。设签名者是 Alice，而验证者为 Bob，本节所设计的格基线性同态签名如下。

1. 密钥生成

Alice 运行陷门抽样算法生成一个随机矩阵 $\boldsymbol{A} \in \mathbb{Z}_q^{n\times m}$ 以及陷门基 $\boldsymbol{T} \in \mathbb{Z}_q^{m\times m}$，分别作为 Alice 的公开钥和签名密钥。

2. 签名

对一个属于消息空间 $\mathbb{Z}_2^m$ 的子空间 V，其中 $\boldsymbol{v}_1,\cdots,\boldsymbol{v}_k$ 是子空间 V 的基向量。$\tau \in \{0,1\}^n$ 是子空间 V 的一个标签。Alice 按照如下操作签署一个基向量 $\boldsymbol{v}_j$，其中 $1 \leqslant j \leqslant k$。

（1）计算 n 个向量 $\boldsymbol{\alpha}_i$：$\boldsymbol{\alpha}_i = H(\tau||i)$，$i \leqslant n$。

（2）计算向量的内积 $h_{ji} = \langle\boldsymbol{\alpha}_i,\boldsymbol{v}_j\rangle(\text{mod } q)$，并记 $\boldsymbol{h}_j = (h_{j1},\cdots,h_{jn})^{\mathrm{T}}$。

（3）利用 GPV 签名算法（原像抽样函数）生成向量 $\boldsymbol{h}_j$ 的一个签名 $\boldsymbol{e}_j$，从而 $(\boldsymbol{e}_j,\tau)$ 是一个向量 $\boldsymbol{v}_j$ 的线性同态签名。

3. 验证

为了验证消息 $\boldsymbol{v}_j$ 的线性同态签名 $(\boldsymbol{e}_j,\tau)$，Bob 如下操作。

（1）计算 $\boldsymbol{\alpha}_i = H(\tau||i)$。

（2）计算 $\boldsymbol{h}_j = (h_{j1},\cdots,h_{jn})(\text{mod } q)$，其中 $h_{ji} = \langle\boldsymbol{\alpha}_i,\boldsymbol{v}_j\rangle$，$i \leqslant n$。

（3）接受线性同态签名，当且仅当:

① $\boldsymbol{A}\boldsymbol{e}_j = \boldsymbol{h}_j(\text{mod } q)$;

② $\|\boldsymbol{e}_j\| \leqslant L\sigma\sqrt{m}$。

4. 联合

给定公钥 $\boldsymbol{A}$、标签 τ 以及数组 $(a_i, \boldsymbol{e}_i)$，其中 $i = 1, 2, \cdots, l$，$l \leqslant L$，$a_i \in \{0, 1\}$，联合算法输出 $\sum_{i=1}^{l} a_i \boldsymbol{e}_i (\text{mod } q)$ 作为消息 $\sum_{i=1}^{l} a_i \boldsymbol{v}_i (\text{mod } 2)$ 的签名。

4.4.4　方案分析

1. 正确性

证明： 假设哈希函数 H 是安全的，则给定标签 τ，n 个向量 $\alpha_1, \alpha_2, \cdots, \alpha_n$ 是两两线性无关的。由文献 [48]，向量 $\boldsymbol{h}_j$ 可以看作 $\boldsymbol{v}_j$ 的 hash 值。又因为 $\boldsymbol{e}_j$ 是 $\boldsymbol{h}_j$ 的 GPV 签名，利用 GPV 签名的正确性，有 $\boldsymbol{A}\boldsymbol{e}_j = \boldsymbol{h}_j (\text{mod } q)$ 和 $\|\boldsymbol{e}_j\| \leqslant \sigma\sqrt{m}$ 成立。从而签名算法的输出可以被验证算法接受。

假如一个签名 $(\tau, \boldsymbol{e})$ 是联合算法的输出，即 $\boldsymbol{e} = \sum_{i=1}^{l} a_i \boldsymbol{e}_i$，以下说明 $(\tau, \boldsymbol{e})$ 必然也能被验证算法接受。假设矩阵 $\boldsymbol{B}$ 的第 i 行恰好是由向量 $\boldsymbol{\alpha}_i = H(\tau \| i)$ 的行形式构成，则 $\boldsymbol{h}_j = \boldsymbol{B}\boldsymbol{v}_j (\text{mod } q)$ 成立。于是，$\boldsymbol{A}\boldsymbol{e} = \boldsymbol{A}\sum_{i=1}^{l} a_i \boldsymbol{e}_i = \sum_{i=1}^{l} a_i \boldsymbol{A}\boldsymbol{e}_i = \sum_{i=1}^{l} a_i \boldsymbol{h}_i = \sum_{i=1}^{l} a_i \boldsymbol{B}\boldsymbol{v}_i = \boldsymbol{B}\left(\sum_{i=1}^{l} a_i \boldsymbol{v}_i\right) (\text{mod } q)$。从而，验证算法的条件 ① 满足。

因为每一个 $\boldsymbol{e}_i$ 分别是消息 $\boldsymbol{v}_i$ 的签名，则 $\|\boldsymbol{e}_i\| \leqslant \sigma\sqrt{m}$ 成立。从而 $\|\boldsymbol{e}\| = \left\|\sum_{i=1}^{l} a_i \boldsymbol{e}_i\right\| \leqslant L\sigma\sqrt{m}$ 成立，其中 $a_i \in \{0, 1\}$。即条件 ② 满足。

综上，联合算法输出的签名 $(\tau, \boldsymbol{e})$ 也可以被验证算法接受。 □

2. 弱内容隐藏性

为了证明方案满足弱隐藏性，我们需要一个如下的引理 [43]。

引理 4.2　令 Λ 是一个格，$\sigma \in \mathbb{R}$。对 $i = 1, 2, \cdots, k$，令 $\boldsymbol{t}_i \in \mathbb{Z}^m$，并且 $\boldsymbol{x}_i$ 是依照 $\boldsymbol{t}_i + \Lambda$ 上的高斯分布（表示为 $D_{\boldsymbol{t}_i + \Lambda, \sigma}$）抽取的两两独立的随机向量。令 $\boldsymbol{c} = (c_1, \cdots, c_k) \in \mathbb{Z}^k$，

并定义 $g=\gcd(c_1,\cdots,c_k)$, $\boldsymbol{t}=\sum_{i=1}^{k}c_i\boldsymbol{t}_i$。假设 $\sigma>\|\boldsymbol{c}\|\eta_\epsilon(\Lambda)$，其中 ϵ 是一个任意小的数，而 $\eta_\epsilon(\Lambda)$ 为格 Λ 对应 ϵ 的光滑参数，则 $\boldsymbol{z}=\sum_{i=1}^{k}c_i\boldsymbol{x}_i$ 统计接近于 $D_{\boldsymbol{t}+g\Lambda,\|\boldsymbol{c}\|\sigma}$。

该引理说明在离散状态下高斯分布向量的和依然保持高斯分布，而且和分布仅仅依赖于 $(g,\boldsymbol{c},\boldsymbol{t},\Lambda)$，而不会依赖于向量 $\boldsymbol{x}_i$ [43]。

定理 4.8 本节所提出的线性同态签名方案满足弱内容隐藏性。

证明： 显然，高斯参数 σ 符合上述引理的条件。在隐藏性所定义的 Game 中，令 $(V_0,V_1,f_1,\cdots,f_s)$ 是敌手的输出，其中 $V_b=\mathrm{span}\{\boldsymbol{v}_1^b,\cdots,\boldsymbol{v}_k^b\}$，而 $b=0,1$。对 $j=1,2,\cdots,k$，令 $\boldsymbol{e}_j^{(0)}$，$\boldsymbol{e}_j^{(1)}$ 分别为基向量 V_0 和 V_1 的签名。由 GPV 签名可知，所有这些签名 $\boldsymbol{e}_j^{(0)}$ 和 $\boldsymbol{e}_j^{(1)}$ 是统计接近高斯分布的。

对一个由挑战者选择的随机比特 $b\in\{0,1\}$，令 $\boldsymbol{e}^{(b)}$ 是联合算法联合签名 $\boldsymbol{e}_j^{(b)}$ 的输出，其中 $j=1,2,\cdots,k$。假设 $b=0$, $\boldsymbol{e}^{(0)}$ 是 $\boldsymbol{e}_j^{(0)}$ 在线性函数 $f_i(i=1,\cdots,s)$ 下的一个线性组合。因为 $\boldsymbol{e}_j^{(0)}$ 服从的分布统计接近高斯分布 $D_{\Lambda,\sigma}$，由上述引理，$\boldsymbol{e}^{(0)}$ 所服从的分布统计接近一个由 $(\Lambda,\sigma,f(V_0),f)$ 决定的高斯分布，其中 f 是一个属于函数集合 $f_1,\cdots,f_s$ 的线性函数。类似的事实对 $b=1$ 的情况依然成立。进一步的，对 $i=1,2,\cdots,s$，总有 $f_i(V_0)=f_i(V_1)$ 成立。$\boldsymbol{e}^{(0)}$ 和 $\boldsymbol{e}^{(1)}$ 服从的分布是统计接近的。进而没有任何 PPT 敌手能够赢得隐私 Game。 □

3. 不可伪造性

定理 4.9 假如存在一个静态敌手能够在不知道 Alice 签名私钥的条件下以不可忽略的概率 ϵ 赢得线性同态签名不可伪造性的游戏，则存在一个挑战者能够以接近 2ϵ 的概率求解 SIS 问题。

证明： 假设存在一个 PPT 敌手 $\mathcal{A}$ 以优势 ϵ 赢得不可伪造性 Game，其中敌手可以接入随机预言机 H q_1 次、签名预言机 q_2 次，则我们可以构造一个挑战者 $\mathcal{C}$ 来解决 SIS 问题。

假设挑战者 $\mathcal{C}$ 收到一个 SIS 问题实例 $(\boldsymbol{A}\in\mathbb{Z}_q^{n\times m},q,n,\sigma,L)$，并希望能够找到一个向量 $\boldsymbol{v}$，满足 $\|\boldsymbol{v}\|\leqslant 2L\sigma\sqrt{m}$，并且 $\boldsymbol{A}\boldsymbol{v}=0(\bmod q)$。$\mathcal{C}$ 发送 $\boldsymbol{A}$ 作为线性同态签名的公钥给 $\mathcal{A}$。$\mathcal{A}$ 和 $\mathcal{C}$ 开始不可伪造性的游戏。为保持一致性，$\mathcal{C}$ 维护两个列表 $L_i,i\in\{1,2\}$，分别存储随机预言机 H 和签名预言机的答案。

（1）hash 询问。当 $\mathcal{C}$ 收到一个消息子空间的标签 τ_i，$\mathcal{C}$ 首先检查列表 L_1 以确定是否该询问是新鲜的，若 L_1 中找到相应的记录, 则返回相同的答案 $\alpha_1,\cdots,\alpha_n$ 给敌手；对一个新鲜的询问，挑战者随机地选择服从高斯分布的向量 $\boldsymbol{h}_{ij}$，满足 $\|\boldsymbol{h}_{ij}\|\leqslant\sigma\sqrt{m}$，其中 $j=1,2,\cdots,n$。接下来挑战者计算 $\boldsymbol{A}\boldsymbol{h}_{ij}=\alpha_j(\bmod q)$，返回 $\alpha_1,\cdots,\alpha_n$ 作为答案。$\mathcal{C}$ 将 $(\tau_i,\{\boldsymbol{h}_{ij},\alpha_j\}_{j=1}^n)$ 存入列表 L_1。

（2）签名询问。当挑战者被要求生成子空间 V_i 的一个新鲜基向量 $\boldsymbol{v}_{ij}$ 的线性同态签名时，这里 $j=1,2,\cdots,k$，$\mathcal{C}$ 从列表 L_1 中选择 V_i 对应的标签 τ_i。$\mathcal{C}$ 同时得到列表 L_1 中的记录 $(\tau_i,\{\boldsymbol{h}_{ij},\alpha_j\}_{j=1}^k)$。令 $\boldsymbol{H}\in\mathbb{Z}_q^{m\times n}$ 是一个矩阵，满足该矩阵的第 j 列是向量 $\boldsymbol{h}_{ij}$。于是，挑战者计算 $\boldsymbol{e}_{ij}=\boldsymbol{H}\boldsymbol{v}_{ij}(\bmod q)$。发送 $(\tau_i,\boldsymbol{e}_{i1},\boldsymbol{e}_{i2},\cdots,\boldsymbol{e}_{ik})$ 作为线性同态签名（如果向量 $\boldsymbol{v}_{ij}$ 之前被询问过，则返回相同的答案）。

当所有的询问完成并且敌手感到满意后，敌手 $\mathcal{A}$ 以概率 ϵ 生成消息 $\boldsymbol{v}_i^*$ 的签名 $(\boldsymbol{e}_i^*,\tau_i^*)$。

（1）假如 $\mathcal{A}$ 是 type 1 型敌手，即标签 τ_i^* 从未被用来执行签名询问，挑战者检查列表 L_1 发现标签 τ_i^* 及其相应的记录 $(\tau_i^*,\{\boldsymbol{h}_{ij}^*,\alpha_j^*\}_{j=1}^k)$。令矩阵 $\boldsymbol{H}^*\in\mathbb{Z}_q^{m\times n}$ 的第 j 列为向量 $\boldsymbol{h}_{ij}^*$，则 $\boldsymbol{H}^*\boldsymbol{v}_i^*$ 依然是消息 $\boldsymbol{v}_i^*$ 的签名。从而，$\boldsymbol{A}\boldsymbol{H}^*\boldsymbol{v}_i^*=\boldsymbol{A}\boldsymbol{e}_i^*$，$\boldsymbol{A}(\boldsymbol{e}_i^*-\boldsymbol{H}^*\boldsymbol{v}_i^*)=0(\bmod q)$。又因为 $\|\boldsymbol{e}_i^*\|,\|\boldsymbol{H}^*\boldsymbol{v}_i^*\|\leqslant L\sigma\sqrt{m}$，于是 $\|\boldsymbol{e}_i^*-\boldsymbol{H}^*\boldsymbol{v}_i^*\|\leqslant 2L\sigma\sqrt{m}$。假如 $\boldsymbol{e}_i^*-\boldsymbol{H}^*\boldsymbol{v}_i^*\neq 0$ 成立，向量 $\boldsymbol{e}_i^*-\boldsymbol{H}^*\boldsymbol{v}_i^*$ 是一个 SIS 问题的解。由原像抽样函数：$\boldsymbol{e}_i^*-\boldsymbol{H}^*\boldsymbol{v}_i^*\neq 0$ 以大于 $1-2^{-\omega(\log n)}$ 的概率成立（引理 2.5，文献 [38]）。

（2）假如 $\mathcal{A}$ 是 type 2 型敌手，也就是标签 τ_i^* 已经被用于签名询问，但是 $\boldsymbol{v}_i^*\notin V_i^*$，挑战者得到列表 L_1 中该标签对应的记录 $(\tau_i^*,\{\boldsymbol{h}_{ij}^*,\alpha_j^*\}_{j=1}^n)$。因为 $\boldsymbol{A}\boldsymbol{e}_i^*=((\alpha_i^*,\boldsymbol{v}_i^*),\cdots,(\alpha_i^*,\boldsymbol{v}_i^*))^{\mathrm{T}}=\boldsymbol{A}\boldsymbol{H}^*\boldsymbol{v}_i^*$ 和 $\boldsymbol{v}_i^*\notin V_i^*$ 成立，从而 $\boldsymbol{A}(\boldsymbol{e}_i^*-\boldsymbol{H}^*\boldsymbol{v}_i^*)=0(\bmod q)$ 和 $\boldsymbol{e}_i^*-\boldsymbol{H}^*\boldsymbol{v}_i^*\neq 0$ 成

立。于是 $\boldsymbol{e}_i^* - \boldsymbol{H}^*\boldsymbol{v}_i^*$ 是 SIS 问题的一个解。

接下来我们来分析以上安全规约。在第 i 次 hash 询问中，因为向量 $\boldsymbol{h}_{ij}$ 对任意 $j=1,2,\cdots,n$ 都是取自高斯参数大于光滑参数的高斯分布，从而 $\boldsymbol{A}\boldsymbol{h}_{ij}=\alpha_j(\mathrm{mod}\ q)$ 统计接近均匀分布 [38]。于是，挑战者能够以极大概率模拟随机预言机。因为矩阵 $\boldsymbol{H}$ 的列向量取自高斯分布，从而 $\boldsymbol{e}_{ij}=\boldsymbol{H}\boldsymbol{v}_{ij}(\mathrm{mod}\ q)$ 可以看作高斯向量的线性组合，其中 $\boldsymbol{v}_{ij}\in\mathbb{Z}_2^n$。由引理 4.2，$\boldsymbol{e}_{ij}$ 服从的分布是统计接近高斯分布的，从而挑战者能够以极大概率模拟签名预言机。由以上分析可知，挑战者能够以 $(1-2^{-\omega(\log n)})\epsilon+\epsilon\approx 2\epsilon$ 概率解决 SIS 问题。 □

4. 效率分析

在将本节所提方案与文献 [43] 中的线性同态签名方案进行计算效率比较之前，首先注意以下两个事实：第一是文献 [43] 中的方案同时使用了盆景树和 PSF 两个算法完成对消息的签名，第二个事实是盆景树算法中使用 PSF 算法作为子算法。与文献 [43] 比较我们的方案中仅仅使用了 PSF 算法来完成签名，从而本方案的计算效率小于文献 [43] 方案的一半。接下来我们讨论方案的空间效率，表 4.1 给出两个方案在公钥长度、签名长度方面的比较。不难看出，我们的方案在空间效率上依然高于文献 [43] 的方案。

表 4.1 空间效率比较

	公钥长度	签名长度
文献 [43]	$mn+mn\log q$	$2m+2m\log q+n$
4.4 节	$mn\log q$	$m\log q+n$

4.5 基于标准模型的线性同态签名方案

上一节介绍的线性同态签名是基于随机预言机模型设计的。本节尝试在标准模型下设计线性同态签名，该方案的关键在于如何实现在无随机预言机帮助下数字签名的模拟询问。我们综合利用格工具的性质与特点，成功实现在无随机预言机下的方案设计。本节设计方案的一个不足是，方案参数较大，且对方案签名密钥的质量要求较高，这容易增加方案实现环节的困难。另外，方案只能实现有限次线性同态组合。如何继续改进方案的性能有待继续研究。

4.5.1　方案描述

给定一个素数 n，常数 $c>0$，定义 $q \geqslant \beta\omega(\log n)$，$m \geqslant cn\log q$，$\widetilde{L} \geqslant O(\sqrt{n\log q})$，$\sigma = \widetilde{L}\omega(\sqrt{\log n})$，其中 $\beta = \mathrm{poly}(n)$。设方案运行签名联合的最大数目为 L，文件的标签和消息都取自 $\mathbb{Z}_2^k$。设签名的发送者是 Alice，而接收者为 Bob。

1. Kg

Alice 运行陷门抽样算法生成 $\boldsymbol{A} \in \mathbb{Z}_{2q}^{n\times m}$ 以及陷门基 $\boldsymbol{T} \in \mathbb{Z}_{2q}^{m\times m}$。随机选择 k 个 $\mathbb{Z}_{2q}^m$ 上的向量 $\boldsymbol{c}_1,\cdots,\boldsymbol{c}_k$。

Alice 的公钥为 $(\boldsymbol{A},\boldsymbol{c}_1,\cdots,\boldsymbol{c}_k)$，私钥为 $\boldsymbol{T}$。

2. Sign

给定消息向量 $\boldsymbol{v}_i = (v_{i1},\cdots,v_{ik}) \in \{0,1\}^k \subset V$，消息空间 V 的标签为

$$\mathbf{id} = (\mathrm{id}_1,\mathrm{id}_2,\cdots,\mathrm{id}_k) \in \{0,1\}^k$$

Alice 按照如下步骤生成 $\boldsymbol{v}_i$ 的签名。

（1）计算 $\boldsymbol{v}_i'$: $\boldsymbol{v}_i' = \sum_{j=1}^{k} q(-1)^{\mathrm{id}_j} v_{ij}\boldsymbol{c}_j \pmod{2q}$。

（2）生成 $\boldsymbol{v}_i'$ 的原像:

$$\boldsymbol{e}_i \leftarrow \mathrm{PreSample}\ D(\boldsymbol{A},\boldsymbol{T},s,\boldsymbol{v}_i')$$

于是 $\boldsymbol{v}_i$ 的签名为 $(\boldsymbol{e}_i,\mathbf{id})$。

3. Vrf

为了验证 $\boldsymbol{v}_i$ 的签名 $(\boldsymbol{e}_i,\mathbf{id})$，Bob 执行如下操作。

（1）计算 $\boldsymbol{v}_i'=\sum\limits_{j=1}^{k}q(-1)^{\mathrm{id}_j}v_{ij}\boldsymbol{c}_j(\mathrm{mod}\ 2q)$。

（2）接受 $(\boldsymbol{e}_i,\mathbf{id})$，当且仅当:

① $\boldsymbol{A}\boldsymbol{e}_i=\boldsymbol{v}_i'(\mathrm{mod}\ 2q)$;

② $\|\boldsymbol{e}_i\|\leqslant L\sigma\sqrt{m}$。

4. Combine

给定消息 $\boldsymbol{v}_i\in\{0,1\}^k$ 的签名 $(\mathbf{id},\boldsymbol{e}_i)$，以及组合系数 $\alpha_i\in\{0,1\}$，其中 $i=1,2,\cdots,l$，$l\leqslant L$，消息 $\sum\limits_{i=1}^{l}\alpha_i\boldsymbol{v}_i(\mathrm{mod}\ 2)$ 的签名为: $\sum\limits_{i=1}^{l}\alpha_i\boldsymbol{e}_i(\mathrm{mod}\ 2q)$。

4.5.2 方案分析

1. 完备性

证明： 若 $\boldsymbol{e}_i$ 是由签名算法直接生成的，则该签名是 PSF 的一个直接输出。由文献 [38] 知，$\boldsymbol{A}\boldsymbol{e}_i=\boldsymbol{v}(\mathrm{mod}\ 2q)$ 且 $\|\boldsymbol{e}_i\|\leqslant\sigma\sqrt{m}$ 成立。因此 $\boldsymbol{e}_i$ 能够被 Vrf 算法接受。

以下证明假设 $(\mathbf{id},\boldsymbol{e})$ 是 Combine 算法的输出，则该签名也能被 Vrf 算法接受。

简单起见，假定 $(\mathbf{id},\boldsymbol{e})$ 是由 $(\mathbf{id},\boldsymbol{e}_1)$ 和 $(\mathbf{id},\boldsymbol{e}_2)$ 组合而成的，更一般的情形类似可证。设 $\boldsymbol{v}_1=(v_{11},v_{12},\cdots,v_{1k})$ 和 $\boldsymbol{v}_2=(v_{21},v_{22},\cdots,v_{2k})$ 为对应的消息，则 $(\mathrm{id},\boldsymbol{e}=\boldsymbol{e}_1\pm\boldsymbol{e}_2)$ 是消息 $\boldsymbol{v}=\boldsymbol{v}_1\pm\boldsymbol{v}_2=(v_1,v_2,\cdots,v_k)$ 的签名。事实上，

$$\boldsymbol{A}\boldsymbol{e}_1=\sum_{j=1}^{k}q(-1)^{\mathrm{id}_j}v_{1j}\boldsymbol{c}_j(\mathrm{mod}\ 2q)$$
$$\boldsymbol{A}\boldsymbol{e}_2=\sum_{j=1}^{k}q(-1)^{\mathrm{id}_j}v_{2j}\boldsymbol{c}_j(\mathrm{mod}\ 2q)$$

于是

$$\begin{aligned}\boldsymbol{A}(\boldsymbol{e}_1 \pm \boldsymbol{e}_2) &= \sum_{j=1}^{k} q(-1)^{\mathrm{id}_j}(v_{1j} \pm v_{2j})\boldsymbol{c}_i (\bmod 2q) \\ &= \sum_{j=1}^{k} q(-1)^{\mathrm{id}_j}(v_j)\boldsymbol{c}_j (\bmod 2q)\end{aligned}$$

另外，$||\boldsymbol{e}_1 \pm \boldsymbol{e}_2|| \leqslant Ls\sqrt{m}$ 成立。

于是 $(\mathbf{id}, \boldsymbol{e} = (\boldsymbol{e}_1 \pm \boldsymbol{e}_2) \bmod 2q)$ 是消息 $\boldsymbol{v} = (\boldsymbol{v}_1 \pm \boldsymbol{v}_2)(\bmod 2)$ 的签名。 □

2. 安全性

定理 4.10　假如存在一个敌手能够以优势 ε 赢得 LHS 方案的不可伪造性游戏，则可以构造一个挑战者，其能够以 $2\varepsilon/(q-1)$ 的概率解决 SIS 问题。

证明：假设存在一个概率多项式时间敌手 $\mathcal{A}$，以优势 ε 赢得不可伪造游戏，则可以构造一个挑战者 $\mathcal{C}$，其能够以 $2\varepsilon/(q-1)$ 的概率解决 SIS 问题。

设 $\mathcal{C}$ 希望解一个 SIS 问题实例 $(\boldsymbol{A}_0 \in \mathbb{Z}_{2q}^{n\times m}, q, n, s, L)$。$\mathcal{C}$ 执行如下操作。

（1）令 $\boldsymbol{A} = q\boldsymbol{A}_0(\bmod 2q)$；

（2）随机选择 $\bar{e}_i$ 使之服从 D_s^m，其中 $i = 1, 2, \cdots, k$，同时确保这些向量线性无关(若不然，重新抽取)；

（3）令 $\boldsymbol{c}_i = \boldsymbol{A}\bar{\boldsymbol{e}}_i(\bmod 2q)$。

$\mathcal{C}$ 发送 $\{\boldsymbol{A}, \{\boldsymbol{c}_i\}_{i=1}^k\}$ 给 $\mathcal{A}$ 作为签名者公钥。为了完成以下的模拟，$\mathcal{C}$ 维护一个列表用于存储签名预言机的解答。

Sign Query：挑战者需要回答一系列的签名询问前，首先要确保这些询问的新鲜性。如果消息空间 V_i 曾经被询问过，则返回相同的答案。对一个新鲜的消息子空间 V_i，设该子空间由 k 个向量 $\boldsymbol{v}_i \in \mathbb{Z}_2^m$ 表示。$\mathcal{C}$ 选择一个标签 $\mathbf{id}^{(i)} \in \{0,1\}^k$，并计算 $\boldsymbol{e}_i = \sum_{t=1}^{k}(-1)^{\mathrm{id}_t^{(i)}} v_{it}\bar{\boldsymbol{e}}_t$。$\mathcal{C}$ 存储 $(\mathbf{id}^{(i)}, \{\boldsymbol{v}_i\}_{i=1}^k, \{\boldsymbol{e}_i\}_{i=1}^k)$ 到 L。$\mathcal{C}$ 输出 $(\mathrm{id}^{(i)}, \{\boldsymbol{v}_i, \boldsymbol{e}_i\}_{i=1}^k)$。

当所有询问结束后，$\mathcal{A}$ 以概率 ε 伪造一个消息 $\boldsymbol{v}^*$ 的签名 $(\boldsymbol{e}^*, \mathbf{id}^*)$。

（1）对第一型敌手而言，$\mathbf{id}^*$ 从未被询问过。挑战者计算 $\boldsymbol{e}=\sum_{j=1}^{k}(-1)^{\mathrm{id}_j^*}v_j^*\bar{\boldsymbol{e}}_j$。

（2）对第二型敌手，$\mathbf{id}^*$ 已经被询问过，不过消息 $\boldsymbol{v}^*\notin V_i$。

挑战者从列表中查找 $(\mathbf{id}^{(i)},\{\boldsymbol{e}_i\}_{i=1}^{k})$，则 $\boldsymbol{e}=\sum_{j=1}^{k}(-1)^{\mathrm{id}_j^*}v_j^*\bar{\boldsymbol{e}_j}$ 是消息 $\boldsymbol{v}^*$ 的另一个签名。于是

$$\boldsymbol{A}\boldsymbol{e}=\sum_{j=1}^{k}q(-1)^{\mathrm{id}_j^*}v_j\boldsymbol{c}_j(\mathrm{mod}\ 2q)$$

从而

$$\boldsymbol{A}(\boldsymbol{e}^*-\boldsymbol{e})=0(\mathrm{mod}\ 2q)$$

也就是

$$q\boldsymbol{A}_0(\boldsymbol{e}^*-\boldsymbol{e})=0(\mathrm{mod}\ 2q)$$

这意味着 $\boldsymbol{A}_0(\boldsymbol{e}^*-\boldsymbol{e})=2k\boldsymbol{c}(\mathrm{mod}\ 2q)$，其中 $0\leqslant k<q$，$\boldsymbol{c}\in\mathbb{Z}_{2q}^n$。

因为 $\boldsymbol{A}_0$ 均匀随机，而 $\boldsymbol{e}^*,\boldsymbol{e}$ 是高斯型向量，根据文献 [38] 有: $\boldsymbol{A}_0(\boldsymbol{e}^*-\boldsymbol{e})(\mathrm{mod}\ 2q)$ 服从均匀随机分布，从而系数 $k=0,1,\cdots,(q-1)/2$ 是等概率的。另外，$||\boldsymbol{e}^*-\boldsymbol{e}||\leqslant 2Ls\sqrt{m}$，而 $\boldsymbol{e}^*\neq\boldsymbol{e}$ 以概率 $1-2^{-\omega(\log n)}$ 成立。显然，$\mathcal{C}$ 在 $k=0$ 时能够解 SIS 问题，成功的概率为 $2\varepsilon(1-2^{-\omega\log n})/(q-1)$。

综上，$\mathcal{C}$ 以概率 $\dfrac{2}{q-1}(1-2^{-\omega\log n})\varepsilon$ 解 SIS 问题。 □

定理 4.11 本节提出的 LHS 方案满足弱数据隐藏性。

证明： 令 $V_b=\mathrm{span}\{\boldsymbol{v}_1^b,\cdots,\boldsymbol{v}_k^b\}$，其中 $b=0,1$。设 $j=1,2,\cdots,k$，$\boldsymbol{e}_j^{(0)}$ 和 $\boldsymbol{e}_j^{(1)}$ 分别是消息向量 V_0 和 V_1 的签名。因此 $\boldsymbol{e}_j^{(0)}$ 和 $\boldsymbol{e}_j^{(1)}$ 统计接近高斯分布 [38]。

设 $b\in\{0,1\}$ 是由挑战者选择的一个比特，$\boldsymbol{e}^{(b)}$ 是由 $\boldsymbol{e}_j^{(b)}(j=1,2,\cdots,k)$ 生成的联合签名。

若 $b=0$，$\boldsymbol{e}^{(0)}$ 是由 $\boldsymbol{e}_j^{(0)}$ 在某线性函数 $f_i(i=1,\cdots,s)$ 下提取得到的。作为高斯向量的线性组合，$\boldsymbol{e}^{(0)}$ 统计接近一个依赖于 $(\Lambda,\sigma,f(V_0),f)$ 的高斯分布，其中，f 属于函数集

$f_1, \cdots, f_s$。

若 $b=1$，同理可得。又因为 $f_i(V_0)=f_i(V_1)$，$i=1,2,\cdots,s$，$\boldsymbol{e}^{(0)}$ 和 $\boldsymbol{e}^{(1)}$ 所服从的分布统计接近。因此，没有概率多项式时间敌手能够赢得弱数据隐藏游戏。 □

3. 效率分析

将我们的方案与一个同样基于格设计的标准模型下安全的线性同态签名方案 [92] 比较，结果如表 4.2 所示。显然，本节的方案效率上优于同等方案。

表 4.2　效率比较

方案	公钥长度/bit	签名长度/bit	同态性
本节方案	$(mn+k)\log(2q)$	$m\log(2q)+k$	Linear
文献 [92]	$((2k+1)mn+mk)\log q$	$(k+1)\log q$	Linear

4.6　格基盲签名方案

4.6.1　引言

盲签名的概念是由 Chaum 首先提出的 [93]。盲签名具有保护用户隐私的性质，该优点使得盲签名在电子现金、电子选举、不经意传输等领域存在广泛应用。自盲签名概念提出以来，出现了许多基于数论假设（如大整数分解和离散对数问题）的标准型盲签名以及基于身份的盲签名方案 [94−96] 等。2010 年，Rucurt 首次在格上构造了两个盲数字签名方案 [97]。其中 Rucurt 的第一个方案是在随机格上利用原像抽样函数设计的 3 轮盲签名。该三轮盲签名本身存在签名失败现象，即用户与签名者经过三轮交互可能无法为用户生成合法签名，因此必须再次进行交互。这必然增加了交互双方的通信成本。在实际应用中可能引起用户的抱怨，影响了方案的实用性。设想把该盲签名应用于电子选举协议中，签名失败的出现可能会增加投票人的投票时间和投票代价，因此影响投票人的投票热情，进而造成部分选民放弃投票，这可能会影响选举的公平性。

针对以上问题，本书基于格上原像抽样函数 [38]，设计了一个两轮的盲签名方案，通过调整高斯抽样算法中抽样参数的大小有效避免了签名失败现象的发生，确保在严格遵守协议的前提下可以通过两轮交互生成一个可以验证的盲签名。与文献 [97] 的 3 轮方案比较我们的盲签名交互轮数少、签名长度短，因此效率更高。在安全证明环节中，证明方案满足消息对签名者的盲性，在 SIS 的困难假设和随机预言机模型下证明了方案满足 One-more 不可伪造性。

4.6.2 形式化定义

定义 4.9 一个标准盲签名由以下有效算法构成。

（1）密钥生成：该算法输入参数 n，输出签名者的公钥 pk 和私钥 sk 及系统的其他相关参数。

（2）签名发布：签名者和用户执行一个轮数有界的交互协议，该协议以签名者公钥为原始输入，签名者输入自己的私钥、验证者输入消息以及必要的辅助输入。经过完整的交互协议后，签名者输出一个签名。在签名发布协议中往往包含以下三个算法。

① 盲化。用户将原始签名消息 m 和一个随机数 τ 输入盲化算法，该算法输出一个盲化后的消息 m'。

② 盲签名。签名者将盲化消息 m' 以及自己的签名私钥 sk 输入该算法，得到输出的盲签名 σ'（该算法执行过程中需要进行签名者与用户间的交互）。

③ 去盲。输入盲签名 σ' 以及先前的随机数 τ，算法输出一个去盲后的签名 σ。

（3）验证：同标准签名的验证算法。

一个标准盲签名方案应该满足两个基本安全特性：one-more 不可伪造性和盲性。

（1）One-more 不可伪造性。

定义 4.10 如果任何多项式时间敌手赢得以下游戏的概率是可忽略的，则称一个盲签名方案满足 one-more 不可伪造性。

- 挑战者执行密钥生成算法以生成相关参数及签名者的公钥和私钥，并把公开参数和签名者公钥发送给敌手。

• 签名询问。敌手可以与挑战者执行 l 次交互协议进行盲签名询问，并获得 l 个消息的盲签名。

• 伪造。敌手进行完 l 次签名询问后，若敌手能够以不可忽略的概率输出第 $l+1$ 个消息的盲签名且该伪造签名能够通过验证算法，则敌手赢得该游戏。

若方案使用随机预言机保证安全性，则在上述安全游戏中还需要进行预言机询问。

（2）盲性。

定义 4.11　在一个盲签名方案中如果签名者无法将签名与消息联系起来，则称该方案满足盲性。

具体的，设 $\mathcal{A}$ 是一个 PPT 敌手并充当签名者，U_0 和 U_1 是两个诚实的用户。U_0 和 U_1 与敌手 $\mathcal{A}$ 分别以消息 m_b 和 m_{1-b} 为输入进行签名发布协议，并输出签名 σ_b 和 σ_1，其中 $b \in \{0,1\}$ 是一个均匀选取的随机比特。将 $(m_0, m_1, \sigma_b, \sigma_{1-b})$ 发送给敌手 $\mathcal{A}$。$\mathcal{A}$ 输出一个猜测 $b^* \in \{0,1\}$。若对任意的敌手 $\mathcal{A}$，用户 U_0 和 U_1 以及任意常数 $c>1$ 和足够大的参数 n，有 $\Pr(b^*=b)-1/2<n^{-c}$ 成立，则盲签名满足盲性。

4.6.3　方案描述

分析文献 [97] 第一方案签名失败的原因（篇幅所限，本书略去对该方案的描述），发现文献 [97] 中合法签名范数的选择范围较大，同样用户在盲化变换时所选择的向量也有较大的范数，这些直接造成了最后用户去盲后范数可能会溢出，签名失败。鉴于以上问题，我们对原像抽样函数的参数进行了调整，要求签名者在一个较小的参数下完成抽样，同时要求用户用一个更小的范数且满足引理 2.6 要求的向量盲化消息，而最后的签名验证则在一个较大的参数 s 下进行，采用 s 的前提是必须保证此时格上 SIS 问题的困难性。这样用户在进行去盲变换时，合理增加向量的范数也不会超出验证算法的要求，从而有效地避免了签名失败现象的发生。同时盲签名的轮数缩小为两轮。

1. 密钥生成

整个方案中 n 为安全参数，其他参数都是 n 的函数。设签名者利用陷门抽样算法生成

一个格 $\Lambda_q^{\perp}(\boldsymbol{A})$ 及其陷门基 $\boldsymbol{B}$。又设 $h(\cdot):\{0,1\}^*\rightarrow\mathbb{Z}_q^n$ 是一个安全的防碰撞的哈希函数。定义格 $\Lambda_q^{\perp}(\boldsymbol{A})$ 上两个离散高斯分布的参数 $s=a||\widetilde{\boldsymbol{B}}||\omega(\log n)$，$s'=a(||\widetilde{\boldsymbol{B}}||-x)\omega(\log n)$，其中 $x<||\widetilde{\boldsymbol{B}}||/2$，$a\omega(\log n)>\eta_\epsilon(\Lambda_q^{\perp}(\boldsymbol{A}))$。显然两个高斯参数均为大于格 $\Lambda_q^{\perp}(\boldsymbol{A})$ 的光滑参数，所以以参数 s、s' 进行高斯抽样所抽取的向量 $\boldsymbol{e}$ 满足 $\boldsymbol{Ae}(\text{mod }q)$ 接近均匀分布。设 L_M 为签名者所签署盲化消息的数据库。综上，公开 $(\boldsymbol{A},n,m,q,s,s',a,x)$，陷门基 $\boldsymbol{B}$ 为签名者的签名密钥。

2. 消息盲化

设原始消息为 M，用户计算 $H=h(M)$，以零为中心按离散正态分布 $D_{\mathbb{Z}^m,a\omega(\log n)}$ 随机选择向量 $\boldsymbol{c}$，则

$$||\boldsymbol{c}||\leqslant a\omega(\log n)\sqrt{m}$$

以极大概率成立。若不满足只须重新抽取。由引理 2.6 知，$\boldsymbol{Ac}$ 近似服从均匀分布。任意选择 $t\in\mathbb{Z},1<t<x$，设 t^{-1} 为 t 在 $\mathbb{Z}_q$ 中的逆元。计算盲化消息：

$$\mu=t^{-1}H+\boldsymbol{Ac}(\text{mod }q)$$

3. 签名

签名者首先在自己的数据库 L_M 中寻找 μ，若找到相应记录，则终止签名；若 μ 不在 L_M 中，则签名者通过自己掌握的陷门基 $\boldsymbol{B}$ 利用原像抽样函数产生盲化消息的签名:

$$\boldsymbol{v}\leftarrow\text{Sample }D(\boldsymbol{B},s',\mu)。$$

最后，签名者将 $\boldsymbol{v}$ 存入列表 L_M。

4. 去盲

用户得到盲化消息的签名 $\boldsymbol{v}$ 后，进行去盲变换：计算 $\boldsymbol{e}=t(\boldsymbol{v}-\boldsymbol{c})$，则向量 $\boldsymbol{e}$ 作为签名。

5. 验证

计算 $H=h(M)$，验证

$$\boldsymbol{Ae}=H(\bmod q),||\boldsymbol{e}||\leqslant s\sqrt{m}$$

若成立，则接受签名；否则拒绝签名。

4.6.4　方案分析

1. 正确性

由上述方案的描述可知，方案所采用的参数能够满足原像抽样函数以及引理 2.1 的要求，从而盲签名在盲化、去盲过程中的正确性可以很容易地验证。而方案验证签名算法就是 GPV 的验证算法，从而由 GPV 签名的正确性可以推得方案的正确性。

2. 盲性

定理 4.12　本节所述方案满足盲性要求。

证明： 由于签名者收到的盲化消息中的 $\boldsymbol{Ac}$ 服从均匀分布，而 h 作为一个安全哈希函数的输出也近似服从均匀分布，而 t 是随机选取的，从而对签名者而言消息 μ 服从的分布与均匀分布是不可区分的。设签名者希望通过随机选择 $\mathbb{Z}_q^m$ 上的向量和随机选择小于 x 的自然数来恢复真实消息 H。我们证明签名者这样选择所得到的结果分布与均匀分布的统计距离为 0。

$$\begin{aligned}\Delta(t(\mu-c),H)&=\frac{1}{2}\sum p[t_1(\mu-c)=H]-p[h(M)=H]\\&=\frac{1}{2}\sum((1/q)^m-(1/q)^m)=0\end{aligned}$$

从而盲性成立。　□

3. One-more 不可伪造性

文献 [38] 提出的基于原像抽样函数的 GPV 签名方案在随机预言机模型下已经证明安全性等价于 SIS 问题。而我们方案的 one-more 不可伪造性是基于文献 [38] 签名方案的存在性不可伪造的。假设我们的盲签名存在攻击者 A，能够以不可忽略的概率伪造签名，则可以构造模拟者成功伪造 GPV 签名，进而解决格上的 SIS 问题来实现。所以我们的证明中假设模拟者接入一个格上的原像抽样预言机，这一点与文献 [97] 第一个盲签名证明时接入一个陷门求逆预言机一致。

定理 4.13 假设以 $\boldsymbol{A}, n, m, q, s$ 为输入的 SIS 问题是困难的，则我们的盲签名在随机预言机模型下满足 one-more 不可伪造性。

证明： 假设敌手 $\mathcal{A}$ 掌握一个概率多项式时间算法 ϕ，以签名人的公钥和相应系统参数以及 l 个消息与其对应签名为输入，可以以不可忽略的概率 ϵ 输出第 l+1 个消息的伪造签名，则我们可以构造算法 $\mathcal{S}$ 利用敌手 $\mathcal{A}$ 以近似概率 $\epsilon(1-2^{-\omega(\log n)})$ 来解以 $\boldsymbol{A}, n, m, q, s$ 为输入的 SIS 问题。假设算法 $\mathcal{S}$ 控制一个 hash 随机预言机 H，同时接入一个格上的原像预言机 [14]。同时，算法 $\mathcal{S}$ 维护两张表 L_1、L_2 分别用来记录 hash 询问和盲签名询问。

$\mathcal{S}$ 发送 $(\mathbf{A}, s, n, m, q)$ 给敌手 $\mathcal{A}$，开始游戏。

（1）hash 询问：$\mathcal{S}$ 收到敌手发来的第 i 个消息 M_i 后，$\mathcal{S}$ 随机产生向量 $\boldsymbol{h}_i$，满足 $||\boldsymbol{h}_i|| \leqslant s\sqrt{m}$，将 $\boldsymbol{A}\boldsymbol{h}_i$ 发给敌手，同时在列表 L_1 中存储 $\boldsymbol{A}\boldsymbol{h}_i$。由引理知，此时 $\boldsymbol{A}\boldsymbol{h}_i$ 近似服从均匀分布，因此 $\mathcal{S}$ 可以完美地模拟 hash 函数的输出（若 M_i 的消息记录在 L_1 中，则返回相应记录）。

（2）签名询问：$\mathcal{S}$ 收到敌手的第 i 个消息 μ_i 的签名询问后，首先在表格 L_2 中寻找条目 $(\mu_i, \boldsymbol{v}_i)$，若存在则返回 $\boldsymbol{v}_i$ 作为签名的应答。否则，$\mathcal{S}$ 把 μ_i 重发给原像抽样预言机，获得消息的盲签名 $\boldsymbol{v}_i$，存储 $(\mu_i, \boldsymbol{v}_i)$ 到表格 L_2，返回 $\boldsymbol{v}_i$ 作为签名。敌手 $\mathcal{A}$ 收到签名后可以进行去盲变换得到真实的签名 $\boldsymbol{e}_i$。

敌手 $\mathcal{A}$ 满意后使用概率多项式时间算法 ϕ，以概率 ϵ 输出第 l+1 个消息的伪造签名 $(M_{l+1}, \boldsymbol{e}_{l+1})$。$\mathcal{S}$ 从 L_1 中获得消息 M_{l+1} 的 hash 询问记录，即得到向量 $\boldsymbol{h}_{l+1}$，检查是否有 $\boldsymbol{h}_{l+1} \neq \boldsymbol{e}_{l+1}$，若等式成立，则 $\mathcal{S}$ 终止游戏，宣布失败；否则，$\mathcal{S}$ 得到两个范数小于 $s\sqrt{m}$ 的向量，满足 $\boldsymbol{A}\boldsymbol{e}_{l+1} = \boldsymbol{A}\boldsymbol{h}_{l+1}$，从而 $\boldsymbol{A}(\boldsymbol{e}_{l+1} - \boldsymbol{h}_{l+1}) = 0(\text{mod } q)$，且

$||\boldsymbol{h}_{l+1}-\boldsymbol{e}_{l+1}|| \leqslant ||\boldsymbol{h}_{l+1}||+||\boldsymbol{e}_{l+1}|| \leqslant 2s\sqrt{m}$。从而 $\mathcal{S}$ 成功地解决了 SIS 问题。

以下来分析 $\mathcal{S}$ 成功的优势。由以上模拟过程可知，$\mathcal{S}$ 对哈希函数和签名的模拟是完美的，因此，只要 $\boldsymbol{h}_{l+1} \neq \boldsymbol{e}_{l+1}$ 且敌手成功输出伪造，则 $\mathcal{S}$ 总会成功。由引理 2.5 知，$\boldsymbol{h}_{l+1} \neq \boldsymbol{e}_{l+1}$ 的概率大于 $1-2^{-\omega(\log n)}$。从而 $\mathcal{S}$ 成功的优势大于 $\epsilon(1-2^{-\omega(\log n)})$。

□

4. 效率分析

盲签名方案仅仅利用到了小整数模加、模乘运算和文献 [38] 的高效抽样方法，所以我们的盲签名实现了较高的计算效率。将我们的方案的效率与文献 [97] 中第一个方案进行比较，发现前者在多个指标上有优势，如表 4.3 所示。

表 4.3　空间效率比较

	交互轮数	公钥长度	签名长度	密钥长度	签名失败
文献 [97]	3	$nm\log q$	$(n+m)\log q$	$nm\log q$	有
4.5 节	2	$mn\log q$	$m\log q$	$nm\log q$	无

表 4.3 说明我们的方案在交互的轮数、签名长度上要优于文献 [97]。此外，文献 [97] 采用承诺方案来保证签名失败发生时消息对签名者的盲性，而我们的方案可以有效防止签名失败，从而允许我们用一个安全的哈希函数来代替承诺方案，进一步精简了用户的操作。

4.7 本章小结

本章研究了格基签名领域中特殊密码性质的实现，基于格密码设计工具，构造了新型环签名、指定验证者签名、可验证加密签名、线性同态签名和盲签名七个新的特殊性质的格基数字签名方案。

需要进一步研究的问题如下。

（1）格上其他特殊数字签名方案的设计，如格上实现代理签名、群签名、证实签名、不可否认签名等。

（2）本节所提方案的继续改进，例如，如何实现标准模型下的指定验证者签名、盲签名等。此外，如何继续提高本章所提方案的实现效率，进一步缩小方案公钥长度、签名长度也是一个有意义的研究课题。

（3）需要指出的是，本章部分方案的构造（如 4.2 节和 4.3 节）属于“常规”构造，即采用了加密、知识证明等手段来实现所谓的密码功能。如何采用新技巧、新方法有效地回避对知识证明等密码工具的依赖，值得我们继续研究。

（4）提升相关密码方案的实现效率，也是该领域设计工作的重要一环。

第 5 章　格基公钥加密方案的设计

5.1　选择密文安全的格基公钥加密方案

5.1.1　引言

当前，格上在适应性选择密文攻击下满足不可区分性（IND-CCA2）的加密方案主要有两个。第一个 CCA 安全的加密方案是利用 Peikert 和 Waters 提出的损耗陷门单向函数的新型密码原语而构造的基于 LWE 问题的格基 IND-CCA2 加密方案 [98] 。第二个 CCA 安全的加密方案是由 Peikert 借助混合加密的思想设计的 [27]。该方案借助 $2k$ 个公开矩阵实现安全证明中模拟解密预言机的方法 [27]，也借鉴了损耗陷门单向函数的设计思想 [98]。遗憾的是，Peikert 的方案包含 $2k+1$ 个随机矩阵充当公钥，使得方案的公钥尺寸巨大，大大增加了系统的通信、存储和计算负荷。因此如何降低格基 CCA 安全的加密方案的公钥尺寸成为一个重要的研究课题。

本节我们将 Gentry 提出的一个能够实现 CPA 安全的加密方案 [29] 与著名的盆景树算法结合，提出了一个高效的 CCA 安全的公钥加密方案。基于判定型 LWE 问题的困难性和一个一次签名方案的强不可伪造性，证明本节提出的方案满足 IND-CCA2 安全性。本节我们构造的方案中使用一个与 3.4 节和 3.5 节类似的公钥选择技术，实现了方案公钥长度的大幅缩小。事实上，我们仅需要 $k+1$ 个随机矩阵即可完成方案的安全证明。此外，方案的明密文扩展因子也得到有效控制，本节的明密文扩展因子仅稍大于 Gentry 的 CPA 方案 [29] 的扩展因子。以下首先介绍加密方案的 IND-CCA2 安全性 [99] 。

5.1.2　形式化定义

定义 5.1　如果任何多项式时间敌手在下述攻击 Game 中的优势是可忽略的，则这个加密方案在适应性选择密文攻击下是不可区分的 (IND-CCA2)。

（1）系统建立。挑战者运行加密方案的密钥生成算法以生成加密方案的公钥和私钥。挑战者将系统的公钥发送给敌手。

（2）解密询问。敌手 $\mathcal{A}$ 可以适应性地访问解密预言机（由挑战者控制）。解密预言机将询问的密文解密为相应的合法明文，并将明文发送给敌手作为此次询问的应答。

（3）挑战。$\mathcal{A}$ 选择两个长度相等的消息 M_0 和 M_1，并将它们发送给挑战者。挑战者随机选择一个比特 $b \in \{0,1\}$，加密消息 M_b 得到一个挑战密文 c_b。挑战者将 c_b 发送给 $\mathcal{A}$。

（4）解密询问。$\mathcal{A}$ 可以继续进行一系列的适应性解密询问，并获得相应的明文。在此过程中敌手不能够对挑战密文 $c = c_b$ 进行解密询问。

（5）猜测。游戏的最后，$\mathcal{A}$ 输出一个猜测比特 b'。如果 $b' = b$，则敌手在上述游戏中胜出。

敌手成功的优势被定义为 $\mathrm{Adv}_{\mathcal{A}}^{\mathrm{ind-cca2}} = |\Pr(b = b') - 1/2|$。

5.1.3 方案描述

1. 参数选择

令 n 为系统的安全参数，$m = \lfloor 8n \log q \rfloor$，其中 $q = \mathrm{poly}(n)$。$\alpha = 1/\mathrm{poly}(n)$ 为一个错误分布 $\bar{\Phi}_{\alpha}^{(l+1)m \times (l+1)m}$ 的参数。s 是一个高斯抽样的参数。Let k 为一次强不可伪造签名方案的验证密钥的长度。令 Ssign 表示一个强存在性不可伪造的一次签名方案，$\mathrm{vk} \in \{0,1\}^k$ 是 Ssign 的验证密钥。我们假设 vk 的汉明重量 l 的大小为 $\lfloor k/2 \rfloor$ 或 $\lfloor k/2 \rfloor + 1$，即 $\mathrm{vk} \in \{0,1\}^k$ 是 0,1 均衡的。

2. 密钥生成

运行陷门抽样算法，输出矩阵 $\boldsymbol{A}$ 以及格 $\Lambda_q^{\perp}(\boldsymbol{A})$ 的陷门基 $\boldsymbol{T}$。随机选择矩阵 $\boldsymbol{A}_i \in \mathbb{Z}_q^{n \times m}$，其中 $i = 1, 2, \cdots, k$，则 $(\boldsymbol{A}, \boldsymbol{A}_i)$ 为公钥，$\boldsymbol{T}$ 为密钥。

3. 加密

执行以下运算来完成对消息 $\boldsymbol{M} \in \mathbb{Z}_2^{(l+1)m\times(l+1)m}$ 的加密。

• Step 1: 随机选择 Ssign 方案的签名密钥 sk 和验证密钥 vk。令 $\mathrm{vk} = (\mathrm{vk}[1], \mathrm{vk}[2], \cdots, \mathrm{vk}[i], \cdots, \mathrm{vk}[k])$，其中 $\mathrm{vk}[i] \in \{0,1\}$，并设 vk 的汉明重量为 l。

• Step 2：按照如下原则选取公开矩阵 $\boldsymbol{A}_i$ 参与加密运算：如果 $\mathrm{vk}[i]=1$，选择相应的矩阵 $\boldsymbol{A}_i$；如果 $vk[i]=0$，则不选择任何矩阵。不妨设 $\mathrm{vk}[j_i]=1$，其中 $i=1,2,\cdots,l$，并令 $\bar{\boldsymbol{A}} = (\boldsymbol{A}||\boldsymbol{A}_{j_1}||\boldsymbol{A}_{j_2}||\cdots||\boldsymbol{A}_{j_l})$。

• Step 3：随机选择一个矩阵 $\boldsymbol{S} \in \mathbb{Z}_q^{n\times(l+1)m}$ 以及一个错误矩阵 $\boldsymbol{X} \in \bar{\Phi}_\alpha^{(l+1)m\times(l+1)m}$。计算 $\boldsymbol{C} = \bar{\boldsymbol{A}}^{\mathrm{T}}\boldsymbol{S} + 2\boldsymbol{X} + \boldsymbol{M} (\mathrm{mod}\ q)$。

• Step 4：将 sk、vk、$\boldsymbol{C}$ 输入 Ssign 方案的签名算法，输出一个一次签名 σ。

于是，$(\boldsymbol{C}, \mathrm{vk}, \sigma)$ 为消息 $\boldsymbol{M}$ 对应的密文。

4. 解密

为了完成对 $(\boldsymbol{C}, vk, \sigma)$ 的解密，解密算法如下操作。

• Step 1：验证一次签名 σ 的正确性，若验证失败则终止，否则继续 Step 2。

• Step 2：如加密算法第二步所示，选择公开矩阵 $\boldsymbol{A}_i$，并令 $\bar{\boldsymbol{A}} = (\boldsymbol{A}||\boldsymbol{A}_{j_1}||\boldsymbol{A}_{j_2}||\cdots||\boldsymbol{A}_{j_l})$。

• Step 3：以 $(\boldsymbol{A}, \bar{\boldsymbol{A}}, \boldsymbol{T}, s)$ 为输入, 运行盆景树算法, 输出格 $\Lambda_q^{\perp}(\bar{\boldsymbol{A}})$ 的一组陷门基。

• Step 4：计算 $\boldsymbol{E} = \boldsymbol{T}_1^{\mathrm{T}}\boldsymbol{C} (\mathrm{mod}\ q)$，$\boldsymbol{M} = \boldsymbol{T}_1^{-\mathrm{T}}\boldsymbol{E} (\mathrm{mod}\ 2)$。

5.1.4　方案分析

1. 正确性

设 $(\boldsymbol{C}, \mathrm{vk}, \sigma)$ 是一个合法密文。因为 σ 是 Ssign 一次签名方案输出的签名，由 Ssign 方案的正确性，σ 能被 Ssign 方案的验证算法接受。显然，解密算法能够如加密算法描述的原则固定公开矩阵并得到矩阵 $\bar{\boldsymbol{A}}$。由盆景树算法，解密算法能够抽取一个格 $\Lambda_q^{\perp}(\bar{\boldsymbol{A}})$ 的陷门基，从而 Step 3 成立。

又因为 $\boldsymbol{T}_1$ 是格 $\Lambda_q^{\perp}(\bar{\boldsymbol{A}})$ 的陷门基，并且误差矩阵 $\boldsymbol{X}$ 是抽取自 $\bar{\Phi}_{\alpha}^{(l+1)m\times(l+1)m}$，从而所有 $\boldsymbol{T}_1$ 和 $\boldsymbol{X}$ 的分量都是足够小的。于是 $\boldsymbol{E}=\boldsymbol{T}_1^{\mathrm{T}}\boldsymbol{C}=\boldsymbol{T}_1^{\mathrm{T}}(2\boldsymbol{X}+\boldsymbol{M})(\bmod\ q)$ 恰恰等于整数环上的 $\boldsymbol{T}_1^{\mathrm{T}}(2\boldsymbol{X}+\boldsymbol{M})$ [29]。从而，$\boldsymbol{T}_1^{-\mathrm{T}}\boldsymbol{E}=2\boldsymbol{X}+\boldsymbol{M}$，即 $\boldsymbol{M}=\boldsymbol{T}_1^{-\mathrm{T}}\boldsymbol{E}(\bmod\ 2)$。

正确性得证。

2. 安全性分析

定理 5.1 假如 LWE 问题是困难的，其中误差矩阵是取自分布 $\bar{\Phi}_{\alpha}^{(l+1)m\times(l+1)m}$，并且原方案中使用的一次签名方案是强不可伪造的，则本节所构造的 PKE 方案是 IND-CCA2 安全的。

证明： 为了证明该定理，我们给出以下 4 个 Game，并证明对任意 PPT 敌手从 Game i 到 Game $i+1$ 都是不可区分的。

Game 1：Game 1 是标准的 IND-CCA2 安全 Game 的定义。

Game 2：Game 2 同 Game 1 比较，在解密询问阶段，任何关于 $(\mathrm{vk}^*,*,*)$ 的解密询问，总是返回一个错误符号 $\perp$。其他阶段 Game 2 同 Game 1 一致。

Game 3：Game 3 与 Game 2 相同，除了在系统建立阶段，如果 $\mathrm{vk}^*[j_i]=1$，则选择一个完全随机的矩阵作为系统的第 j_i 个公开矩阵。否则 $\mathrm{vk}^*[j_i]=0$，则公开矩阵被赋值为已知陷门基的矩阵（即陷门抽样算法的输出被定义为公开矩阵）。换句话说，如果 $\mathrm{vk}^*[i]=0$，格 $\Lambda_q^{\perp}(\boldsymbol{A}_i)$ 的陷门基是已知的。

Game 4：在 Game 4 中，挑战密文 $(\mathrm{vk}^*,\boldsymbol{C}^*,\sigma^*)$ 中的 $\boldsymbol{C}^*$ 被完全随机均匀并且独立于 vk^* 和 σ^* 的矩阵替代。其他阶段 Game 4 与 Game 3 一致。

接下来的 4 个 Claim 表明 Game 1 到 Game 4 是两两不可区分的。

Claim 1：假如方案中使用的一次签名方案是强不可伪造的，则 Game 1 和 Game 2 对任意 PPT 敌手是不可区分的。

该结论的证明与文献 [98] 完全一致，我们省略细节。

Claim 2：Game 2 和 Game 3 对任何 PPT 敌手是统计不可区分的。

证明：由陷门抽样算法可知，陷门抽样算法的输出矩阵所服从的分布式统计接近均匀分布，从而如果将某些随机的公开矩阵取代为陷门抽样算法的输出，对任何 PPT 敌手而言是不可区分的。于是 Claim 2 成立。 □

Claim 3：如果判定型 LWE 问题是困难的，则 Game 3 和 Game 4 是计算不可区分的，其中差错分布服从 $\bar{\Phi}_\alpha^{(l+1)m\times(l+1)m}$ 分布。

证明：假如存在一个 PPT 敌手 $\mathcal{A}$ 能够以优势 ϵ 区分 Game 3 和 Game 4，则可以构造一个挑战者 $\mathcal{C}$ 来解决判定型 LWE 问题。

假设挑战者 $\mathcal{C}$ 希望区分 $\mathbb{Z}_q^{n\times(l+1)m}\times\mathbb{Z}_q^{(l+1)m\times(l+1)m}$ 上的均匀分布和分布 $\{(\boldsymbol{B},\boldsymbol{C})|\boldsymbol{C}=\boldsymbol{B}^{\mathrm{T}}\boldsymbol{S}+\boldsymbol{X}(\mathrm{mod}\ q)\}$，其中 $\boldsymbol{B}\in\mathbb{Z}_q^{n\times(l+1)m}$，$\boldsymbol{S}\in\mathbb{Z}_q^{n\times(l+1)m}$，$\boldsymbol{X}\in\bar{\Phi}_\alpha^{(l+1)m\times(l+1)m}$。$\mathcal{C}$ 与 $\mathcal{A}$ 交互并模拟或者 Game 3 或者 Game 4 如下。

（1）建立阶段。$\mathcal{C}$ 生成 Ssign 方案的签名密钥和验证密钥，并分别记为 vk^* 和 sk^*。令 $\mathrm{vk}[j_i{}^*]=1$，其中 $i=1,2,\cdots,l$，并且 $\mathrm{vk}[j_i'^*]=0$，其中 $i=1,2,\cdots,k-l$。运行陷门抽样算法 $k-l$ 次以输出 $k-l$ 个矩阵 $\bar{\boldsymbol{B}}_i$，同时输出格 $\Lambda_q^{\perp}(\bar{\boldsymbol{B}}_i)$ 的陷门基。令 $\boldsymbol{B}=(\boldsymbol{B}_0,\boldsymbol{B}_2,\cdots,\boldsymbol{B}_l)$，其中 $\boldsymbol{B}_i\in\mathbb{Z}_q^{n\times m}$。接下来令 $\boldsymbol{A}_{j_i}=\boldsymbol{B}_i$，其中 $i=1,2,\cdots,l$，并且 $\boldsymbol{A}_{j_i'}=\bar{\boldsymbol{B}}_i$，其中 $i=1,2,\cdots,k-l$。从而对 $i=1,2,\cdots,k$，$\boldsymbol{A}=\boldsymbol{B}_0$ 和 $\boldsymbol{A}_i$，是公钥矩阵。

（2）解密预言机。在该阶段敌手可以适应性地询问解密预言机，而挑战者则应该模拟解密预言机。对任意一个询问密文 $(\mathrm{vk},\boldsymbol{C},\sigma)$，如果 $\mathrm{vk}=\mathrm{vk}^*$，挑战者输出一个错误符号 $\perp$；若 $\mathrm{vk}\neq\mathrm{vk}^*$，因为 vk 和 vk^* 具有相同的汉明重量，于是存在某个位置满足 $\mathrm{vk}[j]=1$ 并且 $\mathrm{vk}[j^*]=0$。如建立阶段所示，此时 $\mathcal{C}$ 知道格 $\Lambda_q^{\perp}(\boldsymbol{A}_j)$ 的陷门基。从而 $\mathcal{C}$ 能够运行盆景树算法来生成相应格 $\Lambda_q^{\perp}(\bar{\boldsymbol{A}})$ 的陷门基，其中 $\bar{\boldsymbol{A}}$ 满足 $\boldsymbol{C}=\bar{\boldsymbol{A}}^{\mathrm{T}}\boldsymbol{S}+\boldsymbol{X}(\mathrm{mod}\ q)$。于是挑战者能够利用 $\Lambda_q^{\perp}(\bar{\boldsymbol{A}})$ 的陷门基将询问密文解密为消息。

（3）挑战。$\mathcal{A}$ 随机地选择两个长度相同的消息 $\boldsymbol{M}_b$，$b\in\{0,1\}$，并将它们发送给挑战者 $\mathcal{C}$。$\mathcal{C}$ 随机地选择一个比特 $b\in\{0,1\}$，若 $b=0$，抽取一个服从均匀分布的矩阵 $\boldsymbol{C}'^*$（Game 4）；否则，若 $b=1$，矩阵 $\boldsymbol{C}'^*$ 是取自 LWE 实例服从的分布 $\{(\boldsymbol{B},\boldsymbol{C})|\boldsymbol{C}=\boldsymbol{B}^{\mathrm{T}}\boldsymbol{S}+\boldsymbol{X}(\mathrm{mod}\ q)\}$（Game 3）。接下来，挑战者计算 $\boldsymbol{C}^*=2\boldsymbol{C}'^*+\boldsymbol{M}_b$，运行 Ssign 签名生成 $\boldsymbol{C}^*$ 在签名密钥

sk* 下的一次签名 σ^*，将 $(\sigma^*, \boldsymbol{C}^*, \mathrm{vk}^*)$ 作为挑战密文发送给敌手。

（4）解密预言机。敌手 $\mathcal{A}$ 继续询问解密预言机，而挑战者的回复同第一阶段的解密询问一致，所不同的是在本阶段敌手不能够被允许询问任何形如 $(\mathrm{vk}^*, *, *)$ 的密文。

显然，如果 $\boldsymbol{C}'^*$ 是一个服从均匀分布的矩阵（或近似服从均匀分布），$2\boldsymbol{C}'^*+\boldsymbol{M}_b(\mathrm{mod}\ q)$ 依然是均匀的。而如果 $\boldsymbol{C}'^*$ 是一个 LWE 问题实例时，$2\boldsymbol{C}'^*+\boldsymbol{M}_b(\mathrm{mod}\ q)$ 所服从的分布与解密算法输出密文服从的分布是一样的。从而，假如敌手能够以优势 ϵ 区分自己在与挑战者执行 Game 3 或者 Game 4，挑战者 $\mathcal{C}$ 就能以相同的优势区分 $\mathbb{Z}_q^{n\times(l+1)m}\times\mathbb{Z}_q^{(l+1)m\times(l+1)m}$ 上的均匀分布和分布

$$\{(\boldsymbol{B},\boldsymbol{C})|\boldsymbol{C}=\boldsymbol{B}^{\mathrm{T}}\boldsymbol{S}+\boldsymbol{X}(\mathrm{mod}\ q)\}$$

从而解决判定型 LWE 问题。 □

Claim 4：任何敌手在 Game 4 中胜出的优势为 0。

证明： 在 Game 4 中，因为 $\boldsymbol{C}^*$ 是完全均匀随机的，敌手只能以概率 1/2 来猜测比特 b，从而 Claim 4 得证。 □

将上述 4 个 Claim 联合起来不难发现，任何 PPT 敌手赢得标准 IND-CCA2 安全 Game 的优势是可忽略的。 □

3. 效率比较

本节所提方案与文献 [27] 相比较，优势主要体现在其空间效率上。表 5.1 给出了两个方案在空间效率上比较的结果，其中 vs 表示一次签名和验证密钥的长度之和。

表 5.1　效率比较

方案	公钥长度/bit	明密文扩展因子	安全性
文献 [27]	$(2kmn+nl)\log q$	$(km/l+1)\log q'+\mathrm{vs}/l$	CCA
5.1 节	$(k+1)mn\log q$	$\log q+\mathrm{vs}/(l+1)^2m^2$	CCA
文献 [8]	$mn\log q$	$\log q$	CPA

5.2　格基混合签密方案

5.2.1　引言

签密的概念最早是由郑玉良在 1997 年提出的 [100]。由于能够在单个逻辑步骤内同时提供机密性和认证性，而且实现效率高于加密和签密的直接组合，一直以来，签密得到各国密码学家的广泛关注 [101−105]。从签密的设计途径来看，签密包含公钥签密和混合签密两个模式。在公钥签密模式下，无论加密还是签名功能都是在公钥环境下实现的。而在混合签密模式下，签密由签密密钥封装机（SKEM）和签密数据封装机（SDEM）两个模块构成。换句话说，消息的认证功能是在公钥环境下实现的，而机密性则是在对称密钥环境下实现的。显然在处理庞大数据时，混合签密较之公钥签密更具有效率优势 [106,107]。不过，SKEM+SDEM 构造的混合签密的不足之处亦十分突出，主要表现在该构造的验证–解密算法过于复杂，往往需要对消息、密钥以及封装进行一系列的验证，大大损害了方案的效率。2006 年，Bjørstad 和 Dent 利用带标签的密钥封装机与数据封装机来实现混合签密的构造，这种签密 tag-KEM+ 签密 DEM 的构造模式与常规的 SKEM+SDEM 模式比较，简化了签名的验证–解密算法，并能提供更好的安全规约 [108]。

本节我们扩展签密 tag-KEM 的概念到格公钥密码，设计了一个格基签密 tag-KEM。在我们的方案中，PSF 被用来认证数据封装机的对称密钥，而基于 LWE 问题的陷门单向函数则实现系统的机密性。分析表明，在 Bjørstad 的安全模型下，本节设计的签密 tag-KEM 是 IND-CCA2 安全和选择消息攻击下强不可伪造的。

5.2.2　形式化定义

定义 5.2　一个签密 tag-KEM 由以下 6 个算法组成。

（1）概率性参数生成算法，表示为 $\mathrm{Gen_c}$，输入一个安全参数 1^k，该算法输出所有的全局信息 I，例如系统参数、哈希函数族等。

（2）发送者密钥概率生成算法，表示为 $\mathrm{Gen_s}$，输入全局信息 I，该算法输出发送者的公钥、私钥对 $(\mathrm{sk_S}, \mathrm{pk_S})$。

（3）概率性接收者密钥生成算法，表示为 $\mathrm{Gen_r}$，输入全局信息 I，该算法输出接收者的公钥、私钥对 $(\mathrm{sk_R}, \mathrm{pk_R})$。

（4）概率性对称密钥生成算法，表示为 Sym，输入发送者的私钥 $\mathrm{sk_S}$ 和接收者的公钥 $\mathrm{pk_R}$，该算法输出一个对称密钥 K 连同一个中间状态信息 ω。

（5）概率性密钥封装算法，表示为 Encap，输入中间状态 ω 和任意标签 τ，输出一个封装 E。

（6）密钥解封装算法，表示为 Decap，输入发送者公钥 $\mathrm{pk_S}$、接收者私钥 $\mathrm{sk_R}$、封装 E 和标签 τ，该算法或者输出一个对称密钥 K，或者输出一个错误符号。

定义 5.3 一个签密 DEM 包含两个多项式时间算法。

（1）Enc，输入消息 m、对称密钥 K，输出消息的一个密文 $C = \mathrm{Enc}_K(m)$。

（2）Dec，输入密文 C、对称密钥 K，该算法或者输出消息 $m = \mathrm{Dec}_K(C)$，或者输出一个解密失败的错误符号。

定义 5.4 假设 $(\mathrm{Gen_c}, \mathrm{Gen_s}, \mathrm{Gen_r}, \mathrm{Encap}, \mathrm{Sym}, \mathrm{Decap})$ 是一个签密 tag-KEM，(Enc; Dec) 是一个签密 DEM，若对所有的安全参数 k，签密 tag-KEM 输出的密钥长度刚好可以被用于签密 DEM，则我们可以按照如下方式构造一个混合签密方案。

（1）由签密 tag-KEM 的密钥生成算法 $(\mathrm{Gen_c}, \mathrm{Gen_r}, \mathrm{Gen_s})$ 产生签密的公钥、私钥。

（2）按照如下运算生成签密：

① 计算 $(K, C_1) = \mathrm{encrap}(\mathrm{sk_S}, \mathrm{pk_R}, m)$；

② 计算 $C_2 = \mathrm{Enc}_K(m)$；

③ 输出 (C_1, C_2)。

（3）解签密：

① $K = \mathrm{Decap}(\mathrm{pk_S}, \mathrm{sk_R}, C_1)$；

② $m = \mathrm{Dec}_K(C_2)$；

③ 如果 Decap 算法输出合法，则接受消息，否则拒绝它。

一个安全的混合签密方案应该在选择密文攻击下保持不可区分性 (IND-CCA2)。为了给出 IND-CCA2 安全性的定义，首先来定义混合签密的 IND-CCA2 Game。该 Game 是由一个挑战者和三个阶段的攻击者 $\mathcal{A}=(\mathcal{A}_1,\mathcal{A}_2,\mathcal{A}_3)$ 构成的 [108]。

定义 5.5　给定安全参数 k，混合签密的 IND-CCA2 Game 如下运行。

（1）挑战者生成公开参数 $I=\mathrm{Gen_c}(1^k)$、发送者密钥对 $(\mathrm{pk_S},\mathrm{sk_S})$ 以及接收者密钥对 $(\mathrm{pk_R},\mathrm{sk_R})$。

（2）攻击者以 $(\mathrm{pk_S},\mathrm{pk_R})$ 为输入运行 $\mathcal{A}_1$。在此过程中，$\mathcal{A}_1$ 可以进行对称密钥生成询问、封装询问、解封装询问。$\mathcal{A}_1$ 在最后终止时输出某些状态信息 state_1。

（3）挑战者进行如下计算:

① 令 $(K_0,\omega)=\mathrm{Sym}(\mathrm{sk_S},\mathrm{pk_R})$；

② 随机生成和 K_0 相同长度的对称密钥 K_1；

③ 随机生成一个比特 $b\in\{0,1\}$。

（4）攻击者以 (K_b,state_1) 为输入执行 $\mathcal{A}_2$。在此过程中 $\mathcal{A}_2$ 依然可以进行与 $\mathcal{A}_1$ 相同的询问。$\mathcal{A}_2$ 停止时输出状态信息 state_2 和一个标签 τ。

（5）挑战者计算一个挑战封装 $E=\mathrm{Encap}(\omega,\tau)$。

（6）攻击者以 (E,state_2) 为输入运行 $\mathcal{A}_3$。在此过程中，$\mathcal{A}_3$ 依然可以进行与前两个阶段相同的询问，所不同的是 $\mathcal{A}_3$ 不能以 (E,state_2) 为输入询问解封装预言机。$\mathcal{A}_3$ 终止时应该输出一个猜测比特 b'。

攻击者赢得以上游戏，当且仅当 $b=b'$。攻击者在上述游戏中的优势定义为

$$\mathrm{Adv}_{\mathcal{A}}^{\mathrm{ind-cca2}}=|\Pr(b=b')-1/2|$$

定义 5.6　如果任意 PPT 敌手 $\mathcal{A}$ 赢得 IND-CCA2 Game 的优势是关于安全参数 1^k 可忽略的，则一个签密 tag-KEM 是 IND-CCA2 安全的。

为了实现消息的认证性，一个安全的签密 tag-KEM 还应该能够满足在选择消息攻击下的强不可伪造性。签密 tag-KEM 的强不可伪造性由以下 sUF-CMA Game 来定义，该

游戏中包括挑战者和敌手双方。

定义 5.7 sUF-CMA Game:

（1）挑战者生成全局参数 $\mathrm{T}(I)=\mathrm{Com}(1^k)$、发送者的密钥对 $(\mathrm{sk_S},\mathrm{pk_S})=\mathrm{Key_S}(I)$ 以及接收者的密钥对 $(\mathrm{sk_R},\mathrm{pk_R})=\mathrm{Key_R}(I)$。

（2）敌手 $\mathcal{A}$ 接收 $(I,\mathrm{pk_S},\mathrm{sk_R},\mathrm{pk_R})$ 并开始与挑战者交互。在此过程中，$\mathcal{A}$ 可以进行对称密钥生成询问和密钥封装询问。$\mathcal{A}$ 在停止时应该生成一个封装 E 以及一个标签 τ。

如果 E 和 τ 能够被合法解封装并且标签 τ 从未在封装询问中被询问过，则敌手胜出。敌手优势定义为敌手胜出的概率。

定义 5.8 如果任何 PPT 敌手在上述的 sUF-CMA Game 中胜出的优势是可忽略的，则一个签密 tag-KEM 在选择消息攻击下是强不可伪造的（sUF-CMA）。

引理 5.1[108] 如果签密 tag-KEM 是 IND-CCA2 安全的，而签密 DEM 是 IND-PA 安全的，则一个利用签密 tag-KEM+ 签密 DEM 构造的混合签密方案是 IND-CCA2 安全的。

引理 5.2[108] 如果签密 tag-KEM 是 sUF-CMA 安全的，则一个利用签密 tag-KEM+ 签密 DEM 构造的混合签密方案是 sUF-CMA 的。

5.2.3 方案描述

1. 签密 tag-KEM

（1）$\mathrm{Gen_c}$。

令 n 为方案的安全参数。设 $q=\mathrm{ploy}(n)\geqslant 2$，$m=(1+\delta)n\lg q$，其中常数 $\delta>0$。令 $l=l(n)\geqslant 1$ 是一个以 $\mathrm{poly}(n)$ 为限的整数。高斯参数 $s=\widetilde{L}\omega(\sqrt[2]{\log n})$，其中 $\widetilde{L}=O(\sqrt{n\lg q})$。两个抗碰撞的安全哈希函数为: $h_1:\{0,1\}^*\rightarrow\mathbb{Z}_q^n$，$h_2:\mathbb{Z}_q^m\rightarrow\{0,1\}^l$。

（2）$\mathrm{Gen_R}$。

由陷门抽样算法，接收者生成两个接近均匀分布的矩阵 $\boldsymbol{B}_{10}\in\mathbb{Z}_q^{n\times m}$ 和 $\boldsymbol{B}_{11}\in\mathbb{Z}_q^{n\times m}$，同时输出它们相应的陷门基 $\boldsymbol{T}_{10}\in\mathbb{Z}_q^{m\times m}$，$\boldsymbol{T}_{11}\in\mathbb{Z}_q^{m\times m}$。随机选择 $2(l-1)$ 个矩阵

$\boldsymbol{B}_{ib} \in \mathbb{Z}_q^{n\times m}$，其中 $2 \leqslant i \leqslant l$，$b \in \{0,1\}$。于是，对 $i \in [l]$ 和 $b \in \{0,1\}$，

$$\mathrm{pk_R} = \{\boldsymbol{B}_{ib} | i \in [l], b \in \{0,1\}\}, \mathrm{sk_R} = (\boldsymbol{T}_{10}, \boldsymbol{T}_{11})$$

（3）$\mathrm{Gen_S}$。

发送者利用陷门抽样算法生成接近均匀分布的矩阵 $\boldsymbol{A} \in \mathbb{Z}_q^{n\times m}$ 以及相应的陷门基 $\boldsymbol{T} \in \mathbb{Z}_q^{m\times m}$，则 $\mathrm{pk_S} = \boldsymbol{A}$，$\mathrm{sk_S} = \boldsymbol{T}$。

（4）Sym。

随机选择向量 $\boldsymbol{s} \in \mathbb{Z}_q^n$，并计算 $K = h_2(\boldsymbol{s})$。令 $\omega = (\boldsymbol{s}, \mathrm{pk_R}, \mathrm{sk_S})$。

（5）Encap。

① 随机选择 $\tau \in \{0,1\}^l$ 并计算 $h_1(\boldsymbol{s}, \tau)$。利用原像抽样函数，发送者计算

$$\boldsymbol{e}_1 \leftarrow \mathrm{SamplePre}(\boldsymbol{A}, \boldsymbol{T}, s, h_1(\boldsymbol{s}, \tau))$$

② 选择 $l-1$ 个随机的差错向量 $\boldsymbol{e}_i$ 服从分布 Φ_α。对 $\tau = (\tau_1, \tau_2, \cdots, \tau_l)$，计算

$$\boldsymbol{b}_i = \boldsymbol{B}_{i\tau_i}^{\mathrm{T}} \boldsymbol{s} + \boldsymbol{e}_i (\mathrm{mod}\ q)$$

令 $\boldsymbol{b} = (\boldsymbol{b}_1 ||, \cdots, || \boldsymbol{b}_l)$，则 Encap 算法的输出为 $(\boldsymbol{b}, \tau)$。

（6）Decap。

接收者执行以下操作完成解封装。

① 记 $\boldsymbol{b} = (\boldsymbol{b}_1 || \boldsymbol{b}_2 ||, \cdots, || \boldsymbol{b}_l)$，其中 $\boldsymbol{b}_i \in \mathbb{Z}_q^m$，$1 \leqslant i \leqslant l$。假如 $\boldsymbol{b}$ 不能记为如上形式，则终止解封装运算。

② 利用 τ 的第一个比特确定陷门基 $\boldsymbol{T}_{1\tau_1}$，并利用该陷门基由 $\boldsymbol{b}_1$ 计算 LWE 问题实例对应的向量 $\boldsymbol{s}$ 和差错向量 $\boldsymbol{e}_1$。

③计算 $h_1(\boldsymbol{s}, \tau)$，并检查 $\boldsymbol{A}\boldsymbol{e}_1 = h_1(\boldsymbol{s}, \tau)$ 和 $||\boldsymbol{e}_1|| \leqslant s\sqrt{m}$ 是否成立。若不成立，则终止解封装。

④ 对每一个 i 计算 $(\boldsymbol{b}_i - \boldsymbol{B}_{i\tau_i}^{\mathrm{T}} \boldsymbol{s}) (\mathrm{mod}\ q)$，并检查上式得到的向量范数是否小于等于 $s\sqrt{m}$。若不然，则终止解封装运算。

⑤ 计算 $K = h_2(\boldsymbol{s})$，作为数据封装机的对称密钥。

2. 签密 DEM

（1）Enc。

设 $M \in \{0,1\}^l$ 为一个待签密的消息，计算 $K \oplus M = c (\bmod 2)$。

（2）Dec。

计算 $K \oplus c = M (\bmod 2)$。

将签密 tag-KEM 和签密 DEM 结合，可以得到在格上构造带标签的混合签密方案。

5.2.4 方案分析

定理 5.2 基于 LWE 问题的困难性假设，本节的签密 tag-KEM 是 IND-CCA2 安全的。

证明： 为了完成定理的证明，我们提供了一系列 Game，其中第一个 Game 是混合签密的 IND-CCA2 安全 Game。而在最后一个 Game 中任何敌手胜出的优势为零。我们进一步证明任何 PPT 敌手能够区分这些 Game 的优势是可忽略的，从而证明我们的方案是 IND-CCA2 安全的。令 X_i 表示在 Game i 中 $b = b'$ 的事件。

Game 0：签密 tag-KEM 的标准 IND-CCA2 Game。

Game 1：在 Game 1 中，如果敌手要求对包含标签 τ^* 的任意封装进行解封装询问，挑战者总是返回一个错误符号并终止游戏，Game 的其他部分与 Game 0 一致。

除非 τ^* 被执行解封装询问，否则 Game 1 和 Game 0 是一样的，而被询问的概率是 $1/2^l$。从而 $\Pr(X_0) - \Pr(X_1) \leqslant 1/2^l = \text{nelg}(n)$。

Game 2：在该 Game 中，Gen_R 算法被按照如下方式修订。

矩阵 $\boldsymbol{B}_{i\tau_i^*}$ 是完全随机的，而剩余的矩阵 $\boldsymbol{B}_{i(1-\tau_i^*)}$ 则是陷门抽样算法的输出。换句话说，挑战者知道陷门基 $\boldsymbol{T}_{i(1-\tau_i^*)}$。Game 2 的剩余部分与 Game 1 相同。

由于陷门抽样算法输出的矩阵统计接近均匀分布，在 Game 2 中矩阵 $\boldsymbol{B}_{ib}$ 均可以被看作是随机的，因此 $\Pr(X_2) - \Pr(X_1) = \text{negl}(n)$，即 Game 1 和 Game 2 是不可区分的。

Game 3：在 Game 3 中，挑战者输出挑战封装 $E=(\boldsymbol{b},\tau^*)$，其中向量 $\boldsymbol{b}$ 被选择为 $\mathbb{Z}_q^{lm}$ 中的随机、均匀向量。其他阶段 Game 3 与 Game 2 相同。

由 LWE 问题的困难性知，Game 2 和 Game 3 是不可区分的。若不然，假如存在一个 PPT 敌手能以不可忽略的概率区分 Game 2 和 Game 3，则可以构造一个算法 $\mathcal{B}$ 解决判定型 LWE 问题。设算法 $\mathcal{B}$ 收到一个向量 $\boldsymbol{b}$ 及相关参数，算法 $\mathcal{B}$ 要判定 $\boldsymbol{b}$ 来自一个均匀分布还是一个 LWE 问题实现，$\mathcal{B}$ 执行如下操作。

（1）由 $\mathrm{Gen_c}(1^k)$、$\mathrm{Gen_S}$ 和 $\mathrm{Gen_R}$ 算法生成相关的参数以及公钥、私钥对。

（2）回答敌手的对称密钥生成预言机、封装预言机以及解封装预言机询问如下。

• Sym oracle：选择一个随机向量 $\boldsymbol{s}$，并随机选择一个密钥 $K\in\{0,1\}^l$。令 $\omega=(\mathrm{sk_S},\mathrm{pk_R})$，存储 $(\boldsymbol{s},\omega,K)$。发送 K 给敌手作为对称密钥询问的回复。

• Encap oracle：假如 $\tau=\tau^*$，令 $\boldsymbol{b}$、τ^* 为相应的封装。若不然，利用 Encap 算法计算相应的封装作为答案。

• Decap oracle：在解封装询问中，假如 $\tau=\tau^*$，则输出一个错误符号并终止交互。若不然，利用 $\mathrm{sk_R}$ 以及 $\mathrm{pk_S}$ 进行解封装运算，并将结果发生给敌手作为解封装询问的答案。由于 $\tau\neq\tau^*$，则算法 $\mathcal{B}$ 总是能够利用私钥 $\boldsymbol{T}_{i(1-\tau_i^*)}$ 完成解封装运算。

（3）以后的阶段与 Game 2 相同，唯一的不同是在挑战阶段将 $(\boldsymbol{b},\tau^*)$ 作为挑战封装。

从而，如果敌手判定是在执行 Game 2，则 $\boldsymbol{b}$ 是一个 LWE 问题实例。如果敌手判定在执行 Game 3，则 $\boldsymbol{b}$ 是一个随机均匀的向量。于是，算法 $\mathcal{B}$ 以与敌手相同的优势解决了判定型 LWE 问题。

由于在 Game 3 中所有 PPT 敌手的优势是 0，从而将 4 个 Game 联合起来，我们有 $|\Pr(X_0)-1/2|=\mathrm{negl}(n)$。 □

定理 5.3　在随机预言机模型下，提出的签密 tag-KEM 的抗选择消息攻击的强不可伪造性是基于 SIS 问题的困难假设。

证明： 假如存在敌手 $\mathcal{A}$ 能够以优势 ϵ 攻击方案的 sUF-CMA 安全性，在此过程中敌手被运行进行 q_1 次 h_1 询问、q_2 次对称密钥生成询问、q_3 次封装询问，则可以构造一

个挑战者 $\mathcal{C}$ 能够以优势 ϵ 求解 SIS 问题。

假设 $\mathcal{C}$ 收到一个 SIS 问题实例 $(\boldsymbol{A}, 2s)$，其中 $\boldsymbol{A} \in \mathbb{Z}_q^{n\times m}$ 而 s 是一个参数。$\mathcal{C}$ 希望能够得到一个小范数的向量 $\boldsymbol{e} \in \mathbb{Z}_q^m$ 满足接下来的性质：

$$\boldsymbol{Ae} = 0(\text{mod } q), ||\boldsymbol{e}|| \leqslant 2s\sqrt{m}$$

首先，$\mathcal{C}$ 通过运行 Gen_c 和 Gen_r 来生成全局参数 I 和接收者的公钥、私钥。

$$\text{pk}_\text{R} = \{\boldsymbol{B}_{ib}|\boldsymbol{B}_{ib} \in \mathbb{Z}_q^{n\times m}, i \in [l], b \in \{0,1\}\}, \text{sk}_\text{R} = (\boldsymbol{T}_{10}, \boldsymbol{T}_{11})$$

令挑战者的公钥为 $\text{pk}_\text{S} = \boldsymbol{A}$，显然挑战者不知道发送者的私钥。$\mathcal{C}$ 发送 $(\text{pk}_\text{R}, \text{sk}_\text{R}, \text{pk}_\text{S}, I)$ 给 $\mathcal{A}$ 并与 $\mathcal{A}$ 运行 sUF-CMA 安全 Game。$\mathcal{C}$ 维护 3 个列表 $L_i, i = 1,2,3$，分别用来存储对称密钥生成询问、封装询问和 h_1 预言机的答案。过程如下。

（1）Sym oracle。对一个新鲜的 sym 询问，$\mathcal{C}$ 随机地选择一个向量 $\boldsymbol{s}$ 和一个比特串 $K \in \{0,1\}^l$。令 $\omega = (\text{sk}_\text{S}, \text{pk}_\text{R}, \boldsymbol{s})$，存储 (ω, K) 到列表 L_1，发送 K 作为答案。

（2）Encap oracle。对一个非重复的封装询问 (ω, τ), $\mathcal{C}$ 执行如下操作。

① 检查列表 L_1 以得到 $(\boldsymbol{s}, \omega, K)$。（如果列表中未发现相应的记录，则如模拟对称密钥生成阶段所示生成 $\boldsymbol{s}$ 和 K，同时将 (ω, K) 存入 L_1。）

② 选择 l 个随机向量 $\boldsymbol{e}_i$，满足 $||\boldsymbol{e}_i|| \leqslant s\sqrt{m}$。

③ 计算 $\boldsymbol{b}_i = \boldsymbol{B}_{i\tau_i}^\text{T}\boldsymbol{s} + \boldsymbol{e}_i(\text{mod } q)$。令 $\boldsymbol{b} = (\boldsymbol{b}_1, \cdots, \boldsymbol{b}_l)$。

发送 $(\boldsymbol{b}, \tau)$ 作为答案并存储 $(\boldsymbol{b}, \tau, \boldsymbol{e}_1)$ 到列表 L_2。（如果询问是重复的，则为保持一致性返回相同的答案。）

敌手可运行 Decap 算法以验证封装的合法性，此过程中敌手被允许询问 h_1 预言机。

h_1 预言机。对第 i 个非重复的询问 $(\boldsymbol{s}, \tau)$，$\mathcal{C}$ 查看列表 L_2 以得到 $(\boldsymbol{b}, \tau, \boldsymbol{e}_1)$，并计算 $\boldsymbol{h}_{1i} = \boldsymbol{Ae}_i(\text{mod } q)$，发送 $\boldsymbol{h}_{1i}$ 作为答案。最后，$\mathcal{C}$ 存储 $(\boldsymbol{h}_{1i}, \boldsymbol{s}, \tau, \boldsymbol{e}_i)$ 到列表 L_3。

当所有的询问完成后，敌手以优势 ϵ 生成一个伪造的封装 $(\boldsymbol{b}^*, \tau^*)$。

于是，挑战者能够解决 SIS 问题如下。

首先，$\mathcal{C}$ 记 $\boldsymbol{b}^* = (\boldsymbol{b}_1^*, \cdots)$，并运行 Decap 算法通过 $\boldsymbol{b}_1^*$ 来得到 $\boldsymbol{s}^*$ 和 $\boldsymbol{e}_1^*$，满足 $\boldsymbol{A}\boldsymbol{e}_1^* = \boldsymbol{h}_{1i^*} (\bmod\ q)$，$||\boldsymbol{e}_1^*|| \leqslant s\sqrt{m}$。

接下来，查看 L_2 以得到向量 $\boldsymbol{e}_1'$ 依然满足 $\boldsymbol{A}\boldsymbol{e}_1' = \boldsymbol{h}_{1i^*} (\bmod\ q)$，$||\boldsymbol{e}_1'|| \leqslant s\sqrt{m}$。

假如 $\boldsymbol{e}_1^* \neq \boldsymbol{e}_1'$，则有 $\boldsymbol{A}(\boldsymbol{e}_1^* - \boldsymbol{e}_1') = 0 (\bmod\ q)$ 和 $||\boldsymbol{e}_1^* - \boldsymbol{e}_1'|| \leqslant 2s\sqrt{m}$ 成立。从而，$\mathcal{C}$ 得到一个 SIS 问题的解。由引理 2.5 及文献 [38]，$\boldsymbol{e}_1^* \neq \boldsymbol{e}_1'$ 发生的概率大于 $1 - 2^{-\omega(\log n)}$，则 $\mathcal{C}$ 能够解决 SIS 问题的优势为 $(1 - 2^{-\omega(\log n)})\epsilon$。 □

所以本章设计的签密 tag-KEM 是安全的。

由引理 5.1 和引理 5.2 知，若将哈希函数 h_2 视作随机预言机，本节设计的混合签密是安全的。

5.3　本 章 小 结

本章主要研究了格基密码系统在选择密文攻击下的不可区分性。首先利用一个新的公钥矩阵赋值原则设计了一个高效的 IND-CCA2 公钥加密方案。该方案与一个已有的 IND-CCA2 方案比较，具有较短的公钥长度和较小的明密文扩展因子，因而实现了较好的空间效率。然后提出了一个能够实现 IND-CCA2 安全的格基混合签密方案。为了构造一个能够实现 IND-CCA2 安全和 sUF-CMA 安全的签密方案，我们将由签密 tag-KEM+签密 DEM 构造的混合签密概念应用于格基密码，设计了一个格基签密 tag-KEM 方案。安全分析表明，该方案满足 IND-CCA2 安全性和 sUF-CMA 安全性。

需要进一步研究的问题如下：

（1）进一步缩短格基加密方案的公钥长度和密文长度，实现更高效的格基加密方案的设计；

（2）寻找格基签密方案的新型设计技巧，有效提高格基签密的空间效率和计算效率。

第 6 章 格上身份基加密的设计

6.1 引 言

身份基加密（Identity-Based Encryption，IBE）允许客户端以他们的身份信息作为公钥，例如个人姓名、邮箱地址等 [15]。显然使用 IBE 机制可以避免在传统公钥密码中对公钥证书的依赖，大大减轻密钥管理环节的负担。自从基于双线性对实现有效的 IBE 构造以来，IBE 的设计取得丰硕的成果。当前，实现标准模型下 IBE 设计的核心工具是基于对或者基于格工具实现。第一个基于格的 IBE 方案是使用著名的 PSF，在随机预言机模型下设计完成的。为了得到标准模型下的 IBE 方案，PSF 被推广用于设计格基代理算法。如第 1 章所述，当前基于代理技术实现标准模型下安全 (H)IBE 的设计是格基 IBE 的常用设计技巧。

分级身份基加密 (Hierarchical Identity Based Encryption，HIBE) 作为 IBE 的直接推广，是一个重要的密码学原语，在 HIBE 中的参与方被直接按照树状排列。其中，子用户的密钥是由父用户通过代理过程为其提供的。而代理过程满足单向性，即子用户不能利用其自身的私钥去获取父用户的私钥信息。因此，子用户只能解密发送给自己的密文，而不能解密发送给树结构中其他节点的密文，包括与自己密钥直接相关的父节点。

最著名的 HIBE 方案，无论是基于随机预言机还是标准模型的，大都基于对映射构造和设计 [109−112]。近年来，基于格设计 HIBE 方案成为新选择、新方向。在使用格基代理技术设计标准模型下的格基 HIBE 时，为了生成新格需要引入公开矩阵，从而实现从父用户到子用户的 “代理”。这些公开矩阵的存在导致方案庞大的公钥尺寸以及由此引起的密文长度及明密文等的扩展，使得方案实现效率不高。具体原因如下。

（1）已有构造将身份信息视作比特串，并为每一个比特赋值一个矩阵，以此来协助实现从父用户的格到子用户格的“生长”。这使得每一个格基 HIBE 方案都需要包含 $2d$ 随机矩阵 $\boldsymbol{R}_i$ 作为公钥 (d 为最大分级深度)。此时，方案的公钥尺寸将达到 $(2dm^2+mn+n)\log q$ 比特。

（2）明文与密文的扩展因子较大，例如，文献 [42] 达到 $m\log q+1$。

针对导致格基 HIBE 空间尺寸庞大的原因，本节设计了一个公钥赋值算法，利用此算法平均将两个身份信息赋值为一个公钥矩阵。结合固定维数的格基代理算法，本节设计了一个高效的 HIBE 方案，其公钥尺寸有效压缩到 $(dm^2+mn)\log q$ 比特。而方案的明文–密文扩展因子仅为 $\log q$，即 m^2 比特的消息仅被加密为 $m^2\log q$ 比特的密文。

6.2　形式化定义

6.2.1　身份基加密方案

一个身份基加密方案 (IBE) 包含四个算法：Setup、Extract、Encrypt、Decrypt。由于身份信息将作为用户的公钥使用，在 IBE 方案中需要一个私钥生成中心（PKG)。PKG 利用自己的私钥为每一个身份信息提取相应的私钥。

（1）Setup。给定安全参数 n，Setup 算法生成所有的系统参数 param、PKG 的族公钥 MPK 以及族密钥 MSK，定义消息空间和密文空间等。

（2）Extract。输入系统参数 param、MPK、MSK 以及一个身份 ID，提取算法输出身份 ID 的私钥 sk。

（3）Encrypt。给定 param、MPK、ID、消息 M，该算法输出一个密文 C。

（4）Decrypt。输入 param、sk、C，该算法输出消息 M。

IBE 方案的语义安全性通常有两种安全需求，较弱的称为选择身份选择明文攻击下的不可区分性 (IND-sID-CPA)，较强的称为适应性选择身份选择明文攻击下的不可区分性 (IND-aID-CPA)。IND-sID-CPA 和 IND-aID-CPA 的唯一区别在于较弱的概念要求敌手要在系统参数生成前选定要挑战的身份。在 IBE 方案的设计中将考虑 IND-aID-CPA

安全性，而在 HIBE 方案的设计中将考虑较弱的 IND-sID-CPA 安全性。

IND-aID-CPA 安全性可以由以下 IND-aID-CPA 游戏定义。

（1）Setup。挑战者运行 Setup 算法生成 param、族公钥 MPK、族密钥 MSK。系统参数 param 和族公钥 MPK 发送给敌手，MSK 由挑战者保存。

（2）提取询问 1。敌手询问密钥提取预言机得到身份 $\mathrm{ID}_1,\cdots,\mathrm{ID}_k$ 对应的私钥。挑战者通过运行 Extract 算法适应性地回复这些询问。

（3）挑战。当敌手决定结束第一阶段的密钥提取询问时，随机选择两个相同长度的消息 M_0 和 M_1。敌手选择一个挑战身份 $\mathrm{ID}^* \neq \mathrm{ID}_i$，$i=1,2,\cdots,k$。挑战者选择随机比特 $b \in \{0,1\}$，并加密 M_b 得到密文 C_b。挑战者发送 C_b 给敌手，作为挑战密文。

（4）提取询问 2。敌手继续就任何 $\mathrm{ID} \neq \mathrm{ID}^*$ 的身份信息询问密钥提取预言机，挑战者如第一阶段提取询问一样，回答这些询问。

（5）猜测。最后，敌手输出一个猜测比特 $b' \in \{0,1\}$。当 $b=b'$ 时，敌手赢得游戏。

敌手在该游戏中的优势定义为 $|\Pr(b=b')-1/2|$。

假如没有 PPT 敌手能够在上述 IND-aID-CPA 游戏中赢得一个不可忽略的优势，则这个 IBE 方案称作是 IND-aID-CPA 安全的。

6.2.2 分级身份基加密方案

一个分级身份基加密方案 (HIBE) 方案包含五个算法: 系统建立、密钥提取、密钥代理、加密、解密。

（1）系统建立 (λ)。令 λ 为安全参数并作为输入，则该算法输出族公钥 MPK 及族密钥 MSK。

（2）密钥提取 $(\mathrm{MSK};\mathrm{id}_{|1})$。PKG 利用 MSK 为身份向量 $\mathrm{ID}_{|1}$ 生成私钥 $\mathrm{SK}_{\mathrm{id}_{|1}}$。

（3）密钥代理 $(\mathrm{MPK};\mathrm{SK}_{\mathrm{id}_{|l}};\mathrm{id})$。给定 MPK、$\mathrm{SK}_{\mathrm{id}_{|l}}$、$\mathrm{id}_{|l}$ 以及一个身份信息 id，该算法为深度为 $l+1$ 的身份 $\mathrm{id}_{|l+1}$ 生成私钥，其中 $\mathrm{id}_{|l+1}$ 是由 id 和 $\mathrm{id}_{|l}$ 级联得到的。

（4）加密 $(\mathrm{MPK};M;\mathrm{id}_{|l})$。输入 MPK、$\mathrm{id}_{|l}$ 以及消息 M，加密算法输出一个密文 C。

（5）解密 $(\mathrm{MPK}; C; \mathrm{SK}_{\mathrm{id}_{|l}})$。输入 MPK、$C$ 以及 $\mathrm{SK}_{\mathrm{id}_{|l}}$，假如密文是为身份 $\mathrm{id}_{|l}$ 生成的，则输出消息 M。

图 6.1 给出了 HIBE 的工作模型。

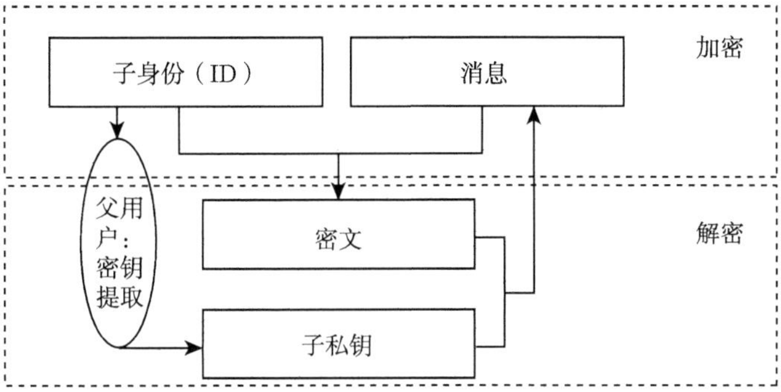

图 6.1　分级身份基加密方案

HIBE 方案的安全定义是通过挑战者和敌手之间的一个安全游戏定义的。在标准的 IBE 安全模型中，敌手能够适应性地选择要攻击的身份向量。一个稍弱的安全概念叫作选择身份模型，在该模型中，敌手被强制要求在族密钥生成前就宣布他要攻击的目标身份。

给定一个 λ、一个消息空间 M_λ、一个密文空间 C_λ 以及一个最大分级深度 d，选择身份安全游戏如下执行。

（1）Setup: 敌手首先收到一个分级深度 d，进而敌手被要求宣布目标身份 $I^* = (\mathrm{id}_1^*, \cdots, \mathrm{id}_k^*)$，$k < d$。挑战者执行系统建立算法生成 MPK。

（2）Phase 1: 敌手适应性地选择一些身份向量，询问他们对应的私钥，前提条件是没有询问以 I^* 为前缀的身份。对一个询问身份，挑战者通过密钥提取或密钥代理算法得到该身份的私钥，并将其发送给敌手。

（3）Challenge: 当敌手感到满意并停止 Phase 1 后，敌手应输出一个挑战明文 $M \in M_\lambda$。挑战者随机地选择一个 $b \in \{0,1\}$ 以及一个密文 $C \in C_\lambda$，满足如下条件：如果 $b=0$，最后的挑战密文为 $C_b = \mathrm{Encrypt}(PP; I^*; M)$。如果 $b=1$，挑战者令 $C_b = C$。挑战者发

送挑战 C_b 给敌手。

（4）Phase 2: 敌手可以继续如 Phase 1 阶段一样，执行密钥询问，挑战者的回复如 Phase 1。

（5）Guess: 最后，敌手应完成一个猜测 $b' \in \{0,1\}$。若 $b = b'$，敌手赢得游戏。敌手攻击成功的优势定义为 $\mathrm{Adv}_{\mathcal{A}} = \Pr(b = b') - 1/2$。

假如对任何 PPT 敌手，上述游戏成功的优势是可忽略的，则这个 HIBE 方案是选择身份安全的。

6.3 格上分级身份基加密方案的设计

6.3.1 公钥赋值原则

因为已知的标准模型下安全的格基 HIBE 方案将每一个身份比特赋值为一个随机矩阵，这使得方案的公钥包含至少 $2d$ 个随机矩阵。为了缩减格基 HIBE 的公钥大小，我们提出一个新的公钥赋值原则，利用它可以平均两个身份比特赋值一个随机矩阵。

令 $\boldsymbol{R}_1, \cdots, \boldsymbol{R}_d$ 为 d 个按照 $\mathcal{D}_{m\times m}$ 分布的矩阵。设身份向量为 $\mathrm{id}_{|d} = (\mathrm{id}_1, \cdots, \mathrm{id}_d)$，则新型公钥赋值算法如下。

算法: 赋值原则

Initialization: $\boldsymbol{R}_1, \cdots, \boldsymbol{R}_d$

Input: $\mathrm{id}_{|d} = (\mathrm{id}_1, \cdots, \mathrm{id}_d)$

For $l = 1$ to d, do:

输出 $\boldsymbol{R}_i$，其中 $\mathrm{id}_i = 1$，

不输出任何矩阵，当 $\mathrm{id}_i = 0$。

Output: $\{\boldsymbol{R}_{i_1}, \cdots, \boldsymbol{R}_{i_{d^*}}\}$ (返回 $\boldsymbol{R}_{i_j}$ 当 $\mathrm{id}_{i_j} = 1$)。

因为相应于身份 $\mathrm{id}_{i_1} = \cdots = \mathrm{id}_{i_{d^*}} = 1$ 选定的矩阵 $\{\boldsymbol{R}_{i_1}, \cdots, \boldsymbol{R}_{i_{d^*}}\}$ 在应用于格基代理算法时都将它们的位置因素考虑在内，因此接下来的引理成立。

引理 6.1　本节所提的公钥赋值原则是一个身份比特与有序的公钥矩阵集合 $\{\boldsymbol{R}_i|1 \leqslant i \leqslant d\}$ 间的一一映射。

证明： 只要我们能够证明 $\{\boldsymbol{R}_i|1 \leqslant i \leqslant d\}$ 的两个不同的有序子集对应两个不同的身份向量，则以上引理自然成立。假设有 $\{\boldsymbol{R}_i|1 \leqslant i \leqslant d\}$ 的两个不同的子集相应于两个相同长度的身份，则必然存在一个矩阵 $\boldsymbol{R}_j$ 属于其中一个子集但不属于另外一个子集。只有一个身份对应满足第 j 个分量为 1 的要求，即 $\mathrm{id}_j = 1$。因此，两个子集相应的身份是不同的。□

假设 $\mathrm{id}_{|d}$ 是经过随机编码得到的结果，那么 $\mathrm{id}_{|d}$ 的 0-1 分布接近平衡。因此，我们的赋值算法平均映射两个身份比特为一个矩阵。从而，本节中仅仅需要 d 随机矩阵就能够实现标准模型下 HIBE 的设计。

格基 HIBE 方案中的密钥提取算法如何使用赋值原则如图 6.2 所示。

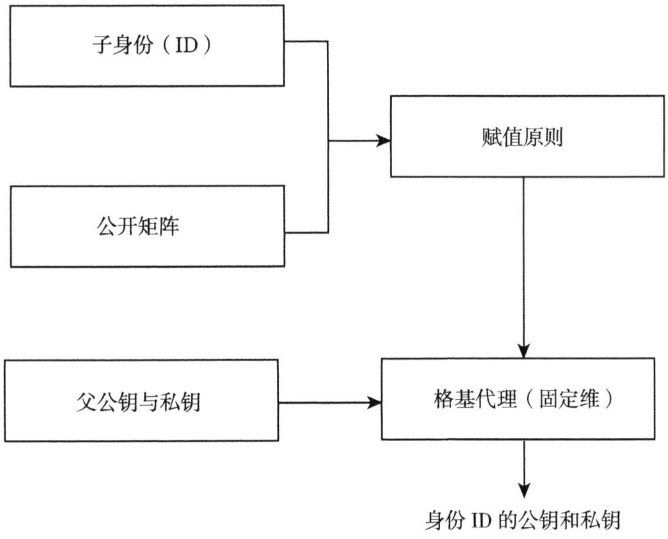

图 6.2　提取算法

6.3.2 方案描述

令 $n,m,q=\mathrm{poly}(n)$ 为参数。给定一个最大的分级深度 d，令高斯参数和噪声向量的参数分别表示为 $\sigma=(\sigma_1,\cdots,\sigma_d)$，$\alpha=(\alpha_1,\cdots,\alpha_d)$。

对所有 $l<d$，设一个身份向量 $\mathrm{id}_{|l}=(\mathrm{id}_1,\mathrm{id}_2,\cdots,\mathrm{id}_l)$ 是一个经过充分随机编码后的输出，则方案如下执行。

（1）系统建立。PKG 生成族公钥和族私钥如下。

① 生成 $\boldsymbol{A}\in\mathbb{Z}_q^{n\times m}$ 及其陷门基 $\boldsymbol{T}\in\mathbb{Z}_q^{m\times m}$ (陷门抽样算法)。

② 抽取 d 矩阵 $\boldsymbol{R}_1,\boldsymbol{R}_2,\cdots,\boldsymbol{R}_d$ 服从 $\mathcal{D}_{m\times m}$，则

$$\mathrm{MPK}=(\boldsymbol{A},\boldsymbol{R}_1,\cdots,\boldsymbol{R}_d),\mathrm{MSK}=\boldsymbol{T}$$

（2）Derive $(\mathrm{MPK},\mathrm{SK}_{\mathrm{id}|l},\mathrm{id})$。给定 MPK，一个父身份 $\mathrm{id}_{|l}=(\mathrm{id}_1,\mathrm{id}_2,\cdots,\mathrm{id}_l)$ 及其私钥 $\mathrm{SK}_{\mathrm{id}|l}$ 以及一个“子”身份 $\mathrm{id}_{|k}=(\mathrm{id}_1,\mathrm{id}_2,\cdots,\mathrm{id}_l,\cdots,\mathrm{id}_k)$，$k-l\leqslant d$，执行如下运算。

① 选择 $\boldsymbol{R}_i$。具体的，对 $l\leqslant i\leqslant k$，若 $\mathrm{id}_i=1$，选择矩阵 $\boldsymbol{R}_{i-l}$。若不然，假如 $\mathrm{id}_i=0$，不选择任何矩阵。假定 $\mathrm{id}_{j_i}=1$，对 $i=1,2,\cdots,l^*,j_i>l$ 成立。设“父”身份的公钥为 $\boldsymbol{F}_{\mathrm{id}|l}$，“子”身份的公钥为 $\boldsymbol{F}_{\mathrm{id}|k}$：

$$\boldsymbol{F}_{\mathrm{id}|k}=\boldsymbol{F}_{\mathrm{id}|l}\boldsymbol{R}_{j_1-l}^{-1}\cdots\boldsymbol{R}_{j_{l^*}-l}^{-1}$$

② 运行

$$\mathrm{SK}_{\mathrm{id}|k}\leftarrow\mathrm{BasisDel}(\boldsymbol{F}_{\mathrm{id}|l},\boldsymbol{R}_{j_1-l}\cdots\boldsymbol{R}_{j_{l^*}-l},\sigma_l)$$

③ 输出私钥 $\mathrm{SK}_{\mathrm{id}|k}$ 以及公钥 $\boldsymbol{F}_{\mathrm{id}|k}$。

（3）Extract。对第一层的身份 $\mathrm{id}_{|1}$，**Extract** 算法如 **Derive** $(PP,\mathrm{SK}_{\mathrm{id}|l},\mathrm{id})$ 算法一样工作，只要令

$$\boldsymbol{F}_{\mathrm{id}|0}=\boldsymbol{A},\mathrm{SK}_{\mathrm{id}|0}=\mathrm{MSK}$$

（4）Encrypt $(\mathrm{MPK},\mathrm{id}_{|l},M)$。输入 MPK，$\mathrm{id}_{|l}=(\mathrm{id}_1,\mathrm{id}_2,\cdots,\mathrm{id}_l)\in\{0,1\}^l$ 及深度 l，以及消息矩阵 $\boldsymbol{M}\in\mathbb{Z}_2^{m\times m}$，如下执行。

① 利用公钥赋值原则选择公开矩阵 $\boldsymbol{R}_i$。令 $\mathrm{id}_{j_1} = \cdots = \mathrm{id}_{j_l^*} = 1$，其中 l^* 为 $\mathrm{id}_{|l}$ 的汉明重量。

② 计算

$$\boldsymbol{F}_{id|l} = \boldsymbol{A}\boldsymbol{R}_{j_1}^{-1} \cdots \boldsymbol{R}_{j_l^*}^{-1} \in \mathbb{Z}_q^{n \times m}$$

③ 选择 $\boldsymbol{S} \leftarrow \mathbb{Z}_q^{n \times m}$ 以及一个噪声矩阵 $\boldsymbol{X} \leftarrow \varPhi_{\alpha_l}^{m \times m}$。

④ 输出密文 $\boldsymbol{C}$，

$$\boldsymbol{C} = \boldsymbol{F}_{\mathrm{id}|l}^{\mathrm{T}} \boldsymbol{S} + 2\boldsymbol{X} + \boldsymbol{M} (\bmod q)$$

（5）$\mathrm{Decrypt}(\mathrm{SK}_{\mathrm{id}|l}, \boldsymbol{C}, PP)$。计算

$$\boldsymbol{E} = \boldsymbol{SK}_{\mathrm{id}|l}^{\mathrm{T}} \boldsymbol{C} (\bmod q)$$

$$\boldsymbol{M} = \boldsymbol{SK}_{\mathrm{id}|l}^{-\mathrm{T}} \boldsymbol{E} (\bmod 2)$$

6.3.3 演示性示例

本节给出一个小参数的例子作为示例。设 $n = 1, m = 2, q = 3\ 139$。

（1）Setup。令

$$\boldsymbol{A} = (-731 \quad 43)$$

代表一个二维格，其陷门基为

$$\boldsymbol{T} = \begin{pmatrix} 13 & -3 \\ 75 & 22 \end{pmatrix}$$

选择小矩阵 $\boldsymbol{R}_1, \boldsymbol{R}_2$ 如下:

$$\boldsymbol{R}_1 = \begin{pmatrix} -6 & 2 \\ 8 & -1 \end{pmatrix}$$

$$\boldsymbol{R}_2 = \begin{pmatrix} 11 & -1 \\ -13 & 3 \end{pmatrix}$$

显然 $\boldsymbol{R}_1$ 和 $\boldsymbol{R}_2$ 是 $\mathbb{Z}_q$ 可逆的。进一步的，我们可以计算 $\boldsymbol{R}_1^{-1}(\bmod 3\ 139)$ 与 $\boldsymbol{R}_2^{-1}(\bmod 3\ 139)$:

$$\boldsymbol{R}_1^{-1}(\bmod 3\ 139) = \begin{pmatrix} 314 & 628 \\ -627 & -1\ 255 \end{pmatrix}$$

$$\boldsymbol{R}_2^{-1}(\bmod 3\ 139) = \begin{pmatrix} 471 & 157 \\ -1\ 098 & -1\ 412 \end{pmatrix}$$

（2）Derive。给定身份 id $= (0, 1)$，生成一个私钥。

$$\begin{aligned}\boldsymbol{T}_{\text{id}} &= \boldsymbol{R}_2\boldsymbol{T}(\bmod 3\ 139) \\ &= \begin{pmatrix} 11 & -1 \\ -13 & 3 \end{pmatrix}\begin{pmatrix} 13 & -3 \\ 75 & 22 \end{pmatrix}(\bmod 3\ 139) \\ &= \begin{pmatrix} 68 & -55 \\ 56 & 105 \end{pmatrix}\end{aligned}$$

（3）Encrypt。给定消息矩阵 $\boldsymbol{M} = \begin{pmatrix} 1 & 0 \\ 0 & 1 \end{pmatrix}$。

① 计算

$$\boldsymbol{F}_{\text{id}} = \boldsymbol{A}\boldsymbol{R}_2^{-1}(\bmod 3\ 139) = (860, 301)$$

② 选择 $\boldsymbol{S} = (137, 312)$ 以及 $\boldsymbol{X} = \begin{pmatrix} 2 & -2 \\ 4 & 6 \end{pmatrix}$，输出密文 $\boldsymbol{C}$。

$$\begin{aligned}\boldsymbol{C} &= \boldsymbol{F}_{\text{id}}^{\mathrm{T}}\boldsymbol{S} + 2\boldsymbol{X} + M(\bmod 3\ 139) \\ &= \begin{pmatrix} 1\ 680 & 1\ 503 \\ 434 & -251 \end{pmatrix}\end{aligned}$$

（4）Decrypt。

① 计算

$$\begin{aligned}\boldsymbol{E} &= \boldsymbol{T}^{\mathrm{T}}\boldsymbol{C}(\bmod 3\ 139) \\ &= \begin{pmatrix} 68 & 56 \\ -55 & 105 \end{pmatrix}\begin{pmatrix} 1\ 680 & 1\ 503 \\ 434 & -251 \end{pmatrix}(\bmod 3\ 139) \\ &= \begin{pmatrix} 428 & 256 \\ 255 & 845 \end{pmatrix}\end{aligned}$$

(5) Remark。我们可以验证 $\boldsymbol{E}=\boldsymbol{T}^{\mathrm{T}}(2\boldsymbol{X}+\boldsymbol{M})$ 在整数上成立。因此

$$\boldsymbol{T}^{\mathrm{T}}(2\boldsymbol{X}+\boldsymbol{M})=\begin{pmatrix}428 & 256\\255 & 845\end{pmatrix}$$

① 计算 $\boldsymbol{T}^{-1}=\begin{pmatrix}\dfrac{21}{1\,022} & \dfrac{11}{1\,022}\\ \dfrac{-14}{5\times 511} & \dfrac{17}{5\times 511}\end{pmatrix}$ (over R)。

② 计算

$$\begin{aligned}\boldsymbol{T}^{-\mathrm{T}}\boldsymbol{E}(\mathrm{mod}\ 2)&=\begin{pmatrix}\dfrac{21}{1\,022} & \dfrac{-14}{5\times 511}\\ \dfrac{11}{1\,022} & \dfrac{17}{5\times 511}\end{pmatrix}\begin{pmatrix}428 & 256\\255 & 845\end{pmatrix}\\&=\begin{pmatrix}3 & -2\\4 & 7\end{pmatrix}(\mathrm{mod}\ 2)\\&=\begin{pmatrix}1 & 0\\0 & 1\end{pmatrix}=\boldsymbol{M}\end{aligned}$$

从而密文被正确解密。

6.3.4 方案分析

1. 选择参数及完备性

给定安全参数 n，为了保证方案正确执行，需要满足如下条件。

(1) 陷门抽样算法应确保执行，以保证系统建立算法运行正确。为此，设

$$m>6n\log q, q=\mathrm{poly}(n)$$

(2) 固定维数的格基代理算法应确保执行。为此，令

$$\sigma_l>||\widetilde{\mathrm{SK}}_{\mathrm{id}|l-1}||\sigma_{l-1}\sqrt{m}\omega(\log^{3/2}m)$$

因此

$$\sigma_l\geqslant\sigma_{l-1}m^{3/2}\omega(\log n^{3/2})$$

（3）基于 LWE 问题的陷门单向函数确保解密成功，以保证第 l 层解密正常。为此，设

$$\alpha_l < \frac{1}{\sigma_{l-1} m\omega(\log m)}$$

$$q \geqslant \sigma_l m^{3/2}\omega(\log m)$$

令 d 为最大分级深度。为了满足上面的需求，取如下参数 (m, q, σ, α):

$$m = dn\log n, q = m^{3/2d+2}\omega(\log^{2d+1} n)$$

$$\sigma_l = m^{3/2l}\omega(\log^{2l} n), \alpha_l < \frac{1}{\sigma_{l-1} m\omega(\log m)}$$

显然，给定以上参数，PKG 能够为 1 层用户提取私钥。而 l 层用户也可以为 k 层用户 $(l \leqslant k \leqslant d)$ 提取私钥。显然解密算法能够正常运行。

方案的完备性可证。

2. 安全性

定理 6.1 假如判定型 LWE 问题在错误分布 $\bar{\Phi}_\alpha^m$ 是困难的，所提的 HIBE 方案在选择身份选择明文攻击下是安全的。

证明： 假设存在一个敌手能够在选择身份选择明文攻击下获得优势 ϵ。我们首先构造一个区分器 $\mathcal{D}$ 以至少 $\epsilon/2$ 的优势区分分布。

$$\Bigg\{(\boldsymbol{A}, \boldsymbol{A}^{\mathrm{T}}\boldsymbol{S} + \boldsymbol{X}) : \boldsymbol{A} \in \mathbb{Z}_q^{n\times m}, \boldsymbol{S} \in \mathbb{Z}_q^{n\times m}$$

$$\boldsymbol{X} \leftarrow \Phi_\alpha^{m\times m}, \alpha < \frac{1}{\sigma_d m\omega(\log m)}\Bigg\}$$

$$\{\mathrm{Unif}(\mathbb{Z}_q^{n\times m} \times \mathbb{Z}_q^{m\times m})\}$$

一个选择身份模型下的敌手首先输出挑战身份 $\mathrm{id}^* = (\mathrm{id}_1^*, \cdots, \mathrm{id}_k^*)$。假设挑战身份的汉明重量为 k^*，即 $\mathrm{id}_{j_1}^* = \mathrm{id}_{j_2}^* = \cdots = \mathrm{id}_{j_{k^*}}^* = 1$。

$\mathcal{D}$ 收到一个来自两个挑战分布的挑战实例 $(\boldsymbol{A}_0, \boldsymbol{B})$。于是 $\mathcal{D}$ 准备敌手 $\mathcal{A}$ 的模拟攻击环境如下。

（1）随机抽取 k^* 矩阵 $\boldsymbol{R}_{j_1},\cdots,\boldsymbol{R}_{j_{k^*}}$ 服从分布 $\mathcal{D}_{m\times m}$。令

$$\boldsymbol{A}=\boldsymbol{A}_0\boldsymbol{R}_{j_{k^*}}\cdots\boldsymbol{R}_{j_1}$$

对每一个 $i=j_l\in\{j_1,j_2,\cdots,j_{k^*}\}$，令 $\boldsymbol{R}_i=\boldsymbol{R}_{j_l}$。

（2）若 $i\notin\{j_1,j_2,\cdots,j_{k^*}\}$ 且 $i\leqslant d$，通过陷门抽样算法生成 $(\boldsymbol{A}_i\in\mathbb{Z}_q^{n\times m},\boldsymbol{T}_i\in\mathbb{Z}_q^{m\times m})$。于是 $\boldsymbol{A}_i\boldsymbol{T}_i=0(\bmod q)$ 且 $\|\boldsymbol{T}_i\|\leqslant O(n\log q)$。

（3）通过运行 PSF 至多 m^2 次生成 $\boldsymbol{R}_i'$，

$$\boldsymbol{R}_i'\leftarrow \mathrm{PreSample}(\boldsymbol{A}_i,\boldsymbol{T}_i,\sigma_d,\boldsymbol{A}_0\boldsymbol{R}_{j_{k^*}}\cdots\boldsymbol{R}_{j_{i^*}})$$

其中 $j_{i^*}\in\{j_1,j_2,\cdots,j_{k^*}\}$ 是第一个大于 i 的数。所以 $\boldsymbol{A}_i\boldsymbol{R}_i'=\boldsymbol{A}_0\boldsymbol{R}_{j_{k^*}}\cdots\boldsymbol{R}_{j_{i^*}}(\bmod q)$，$\|\boldsymbol{R}_i'\|\leqslant\sigma_d\sqrt{m}$。

令 $\boldsymbol{R}_i=\boldsymbol{R}_i'$，其中 $i\notin\{j_1,j_2,\cdots,j_{k^*}\}$,$i\leqslant d$。

（4）发送 $\{\boldsymbol{A},\boldsymbol{R}_1,\boldsymbol{R}_2,\cdots,\boldsymbol{R}_d\}$ 给敌手 $\mathcal{A}$ (其他参数如方案所示)。

密钥询问：$\mathcal{A}$ 执行身份 $\mathrm{id}_{|l}$ 的密钥提取询问，其中 $\mathrm{id}_{|l}$ 不是 id^* 的前缀。

设 $|\mathrm{id}|=l\leqslant d$。为了表述简便，假设 $l=d$ (当 $l<d$ 时，类似可得)。因为 $\mathrm{id}_{|l}$ 接近随机且不是 id^* 的前缀，并存在第一个位置 i_0 满足 $\mathrm{id}_{i_0}=1,{\mathrm{id}^*}_{i_0}=0$。又因为区分器 $\mathcal{D}$ 拥有格 $\Lambda_q^{\perp}(\boldsymbol{A}_0\boldsymbol{R}_{j_{k^*}}\cdots\boldsymbol{R}_{j_i^*}\boldsymbol{R}_{i_0}^{-1})$ 的陷门基 $\boldsymbol{T}_i$，所以 $\mathcal{D}$ 可以回复关于身份 $\mathrm{id}_{|l}$ 的密钥询问如下。

（1）如加密算法表示的那样，选择矩阵 $\boldsymbol{R}_{i_j}$，$\mathrm{id}_{i_j}=1,i_j>i_0$。假设矩阵 $\boldsymbol{R}_{i_j}$ 的数目是 j'，从而身份 $\mathrm{id}_{|l}$ 的公钥矩阵为

$$\boldsymbol{F}_{\mathrm{id}|l}=\boldsymbol{A}_0\boldsymbol{R}_{j_{k^*}}\cdots\boldsymbol{R}_{j_{i^*}}\boldsymbol{R}_{i_0}^{-1}\boldsymbol{R}_{i_1}^{-1}\cdots\boldsymbol{R}_{i_{j'}}^{-1}$$

（2）生成格 $\Lambda_q^{\perp}(\boldsymbol{F}_{\mathrm{id}|l})$ 的陷门基 $\boldsymbol{T}_{\mathrm{id}|l}$。令 $\boldsymbol{A}'=\boldsymbol{F}_{\mathrm{id}|l}\boldsymbol{R}_{i_{j'}}\cdots\boldsymbol{R}_{i_1}$，

$$\boldsymbol{T}_{\mathrm{id}|l}\leftarrow \mathrm{BasisDel}(\boldsymbol{A}',\boldsymbol{R}_{i_{j'}}\cdots\boldsymbol{R}_{i_1},\boldsymbol{T}_{i_0},\sigma_l)$$

Challenge：$\mathcal{A}$ 输出一个挑战消息 $\boldsymbol{M}_0\in\mathbb{Z}_2^{m\times m}$，则对一个随机比特 $b\in\{0,1\}$，$\mathcal{D}$ 返回 $\boldsymbol{M}_0+2\boldsymbol{B}(\log q)$ 作为挑战密文。

Phase 2：$\mathcal{A}$ 可以执行更多的密钥提取询问，而区分器的回答如 Phase 1 所示。

Guess：最后，$\mathcal{A}$ 输出一个猜测比特。假如 $\mathcal{A}$ 猜对比特 b，$\mathcal{D}$ 输出 1，若不然，输出 0。

我们可以分析区分器 $\mathcal{D}$ 的优势如下。假如 $\boldsymbol{B}$ 是一个均匀随机矩阵，$\boldsymbol{M}_0 + 2\boldsymbol{B}(\log q)$ 依然是一个均匀随机矩阵。所以 $\mathcal{D}$ 将以概率 1/2 输出 1。若 $\boldsymbol{B} = \boldsymbol{A}_0^{\mathrm{T}}\boldsymbol{S} + \boldsymbol{X}(\bmod q)$，挑战密文 $\boldsymbol{A}_0^{\mathrm{T}}\boldsymbol{S}' + 2\boldsymbol{X} + \boldsymbol{M}(\bmod q)$ 的分布与加密算法输出的密文分布一致，其中 $\boldsymbol{S}' = 2\boldsymbol{S}$ 是服从均匀分布的。从而，$\mathcal{D}$ 以概率 $(1+\epsilon)/2$ 输出 1。

综上，区分器的优势是 $\epsilon/2$。

显然区分器可以被用于解决带错误分布 $\bar{\Phi}_{\alpha}^{m}$ 的判定型 LWE 问题。 □

3. 效率分析

与文献 [42] 的方案比较，一方面本节方案的最大优势在于公钥尺寸被有效压缩。具体的，所提方案仅仅包含 d 随机公开矩阵，这意味着方案的公钥长度仅为 $(dm^2 + mn)\log q$，而在文献 [42] 方案中包含 $2d$ 个同样大小的矩阵，公钥尺寸达到 $(2dm^2 + mn + n)\log q$。另一方面，消息–密文扩展因子在本节方案中被有效地控制到 $\log q$，即在一次加密运算中 m^2 比特的消息仅被加密成 $m^2 \log q$ 比特的密文。与文献 [113] 和文献 [114] 中的方案比较，所提方案也具有空间效率及消息密文扩展因子方面的优势。

设 d 为最大分级深度，l'' 为 i 层身份的长度，其中 $1 \leqslant i \leqslant d$。设安全参数 n 在文献 [42, 113, 114] 及本书中是相同的，则表 6.1 给出了空间效率比较的细节。

对于格基 HIBE 而言，主要使用的计算是高斯抽样和模乘运算。对相同长度的消息，我们通过这些主要运算的计算个数来比较计算效率。如果仅考虑加密一个比特的消息对应的计算效率，表 6.2 给出了计算代价的比较细节。

注：事实上，可以将本节提出的赋值原则与文献 [113, 114] 的核心方法结合以设计具有更小参数的 HIBE 方案。主要思路为将身份信息视作 $(\mathrm{id}_1, \mathrm{id}_2, \cdots, \mathrm{id}_i, \cdots, \mathrm{id}_l)$，其中 $\mathrm{id}_i = (\mathrm{id}_{i1}, \mathrm{id}_{i2}, \cdots, \mathrm{id}_{il''})$，则我们仅需要 l'' 个矩阵 $\boldsymbol{R}_1, \cdots, \boldsymbol{R}_{l''}$ 即可实现 HIBE 的设计。不过以上公钥的压缩依然只是常数因子的压缩。因为方案依然需要一组公开矩阵用于格

基代理技术的应用。换句话说，只要使用格基代理技术设计 IBE，就不得不引入一组公开矩阵，而这必然带来公钥尺寸的增加。因此要实现标准模型下格基 IBE 方案空间效率的高效实现，应该以规避格基代理的使用作为设计方向。换句话说，寻找在不依赖格“生长”的前提下实现密钥提取，就可以不引入一组公开矩阵而实现公钥尺寸的大幅压缩。

注：上述 HIBE 仅仅实现选择身份模型下的安全性，如何在适应性选择身份模型下实现格基 IBE 的安全性，同时保证效率值得深入研究。

表 6.1　空间效率比较

方案	公钥长度/bit	明密文扩展因子
文献 [42]	$(2dm^2+mn+n)\log q$	$m\log q+1$
文献 [113]	$(dl''+2)mn\log q$	$[(l+1)m+1]\log q$
文献 [114]	$(l''+2)mn\log q$	$[(l+1)m+1]\log q$
本节方案	$(dm^2+mn)\log q$	$\log q$

表 6.2　计算效率比较（每比特消息）

		高斯抽样	模乘运算
文献 [42]	加密	2	$(l-1)m^2+2mn+n$
	解密	1	m
文献 [113]	加密	1	$(l''+l+1)mn+m$
	解密	1	$(l+1)m$
文献 [114]	加密	1	$(ll'')mn+m^2+(l''+1)mn^2$
	解密	1	$(l+1)m$
本节方案	加密	$1/m$	$n+j^*-1$
	解密	0	2

6.4　基于标准模型的全安全格基 IBE 方案设计

本节我们提出一个高效的、标准模型下安全的格基 IBE 方案。我们的方案可以看作是基于随机预言机模型设计的格基 IBE 方案的去随机预言机化 [38]。不正式地说，为了避免公钥尺寸过大，本节设计方案时规避格基代理技术的使用。因此，与以往主要格基(H)IBE 的主要不同在于，我们不再需要将身份信息赋值为公开矩阵，进而利用格基代理实现格带陷门的“生长”。作为替代，也是为了实现标准模型下的可证明安全性，我们引入 $l+1$ 个公开向量，利用这些向量实现 l 比特身份信息向量的赋值 (或编码)，所得的向量作为用户的公钥。进而 PSF 可以被用于密钥提取算法的设计，为每一个用户的公钥提取对应的私钥，该过程不需要使用格基代理。

因此，本节设计的方案的公钥仅仅包含一个格矩阵加 $l+1$ 个公开向量，大大压缩了方案的公钥尺寸。本节设计的方案除了具有效率优势之外，还实现了标准模型下 IBE 方案的全安全性，即在适应性选择身份、选择明文攻击下的密文不可区分性。

6.4.1 方案描述

令安全参数为 n。其他安全参数 (m, q, α, s) 将在下文中给出定义。身份的比特长度为 l。

（1）Setup。PKG 按照如下步骤生成族公钥和族密钥。

① 运行陷门抽样算法得到 $\boldsymbol{A} \in \mathbb{Z}_q^{n\times m}$ 及陷门基 $\boldsymbol{T} \in \mathbb{Z}_q^{m\times m}$。

② 选择 $l+1$ 个随机且线性无关的向量

$$\boldsymbol{c}_0, \boldsymbol{c}_1, \cdots, \boldsymbol{c}_l \in \mathbb{Z}^m$$

于是

$$\mathrm{MPK} = (\boldsymbol{A}, \boldsymbol{c}_0, \cdots, \boldsymbol{c}_l), \mathrm{MSK} = \boldsymbol{T}$$

（2）Extract。给定族公钥 MPK、族密钥 MSK 以及一个身份 $\mathrm{id} = (\mathrm{id}_1, \mathrm{id}_2, \cdots, \mathrm{id}_l) \in \{0,1\}^l$，执行如下过程:

① 计算 $\boldsymbol{p} = \boldsymbol{c}_0 + \sum\limits_{i=1}^{l} \mathrm{id}_i \boldsymbol{c}_i$；

② 以 $s' = s\dfrac{1+\sum\limits_{i=1}^{l}\mathrm{id}_i}{l+1}$ 为高斯参数，运行 PSF:

$$\boldsymbol{s} \leftarrow \mathrm{SamplePre}(\boldsymbol{A}, \boldsymbol{T}, \boldsymbol{p}, s')$$

满足:

$$\boldsymbol{A}\boldsymbol{s} = \boldsymbol{c}_0 + \sum_{i=1}^{l} \mathrm{id}_i \boldsymbol{c}_i \pmod q$$

$$\|\boldsymbol{s}\| \leqslant s\frac{1+\sum_{i=1}^{l}\mathrm{id}_i}{l+1}\sqrt{m}$$

则身份 id 的私钥为 $\boldsymbol{s}$。

（3）Encrypt。输入 MPK、$\mathrm{id} = (\mathrm{id}_1, \mathrm{id}_2, \cdots, \mathrm{id}_l) \in \{0,1\}^l$ 以及消息比特 $k \in \{0,1\}$，执行如下步骤:

① 计算 $\boldsymbol{p} = \boldsymbol{c}_0 + \sum_{i=1}^{l} \mathrm{id}_i \boldsymbol{c}_i$；

② 选择均匀、随机向量 $\boldsymbol{e} \in \mathbb{Z}_q^n$，并计算

$$\boldsymbol{y} = \boldsymbol{A}^{\mathrm{T}}\boldsymbol{e} + \boldsymbol{x} \pmod q, c = \boldsymbol{p}^{\mathrm{T}}\boldsymbol{e} + x + k\lfloor q/2 \rfloor$$

其中，向量 $\boldsymbol{x}$ 服从 Φ_α^m 分布，而 x 是取自分布 Φ_α；

③ 输出密文 $(\boldsymbol{y}, c)$。

（4）Decrypt。计算

$$c - \boldsymbol{s}^{\mathrm{T}}\boldsymbol{y} \pmod q$$

如果上述结果与 0 的距离小于与 $\lfloor q/2 \rfloor$ 的距离，输出 0；否则，输出 1。

6.4.2　方案分析

1. 完备性

给定一个安全参数 n，为了 IBE 的完备性成立，要求如下。

（1）Setup 算法能正常工作要求陷门抽样算法确保成立。因此令

$$m > 6n \log q, q = \mathrm{poly}(n)$$

（2）Extract 算法能正常工作要求确保 PSF 算法成立。令

$$s > \|\widetilde{\boldsymbol{T}}\| \cdot \omega(\sqrt{\log n})$$

（3）加密算法能正常工作需要的参数限制条件与 Gentry 的对偶加密方案一致 [38]。为此需要令

$$q \geqslant 5s(m+1), \alpha < \frac{1}{s\sqrt{m}\omega(\log m)}$$

（4）除以上要求外，还需要确保抽取自分布 $D_{s/(l+1),o}$ 的 $l+1$ 个高斯向量 $\{\boldsymbol{v}_i\}$ 满足 $\boldsymbol{A}\boldsymbol{v}_i (\mathrm{mod}\ q)$ 接近均匀分布，且 $\left\|\sum_{i=0}^{l} \boldsymbol{v}_i\right\| \leqslant s\sqrt{m}$。因此应保证高斯向量抽取时高斯参数 $s/(l+1)$ 大于光滑参数，即

$$s/(l+1) \geqslant \eta_\varepsilon(\Lambda_q^\perp(\boldsymbol{A})) > \log n$$

其中，$\varepsilon \in \left\{0, \frac{1}{2}\right\}$。为此，设 $s = 6(l+1)\omega(\log n)$。

综上，参数 (m, q, s, α) 设置如下:

$$m = 6n\log q, q = n^3, s = 6(l+1)\omega(\log n), \alpha < \frac{1}{(l+1)sm\omega(\log m)}$$

其中，$l < n$ 为身份信息的长度。

显然，基于以上参数，所提方案的完备性成立。

2. 安全性

方案的安全性证明中需要如下引理 [43]。

引理 6.2 令 Λ 是一个格，$\sigma \in \mathbb{R}$。对 $i = 1, 2, \cdots, k$，令 $\boldsymbol{t}_i \in \mathbb{Z}^m$ 和 $\boldsymbol{x}_i$ 为相互独立的抽取自 $\boldsymbol{t}_i + \Lambda$ 上的高斯分布 $D_{\boldsymbol{t}_i+\Lambda,\sigma}$。令 $\boldsymbol{c} = (c_1, \cdots, c_k) \in \mathbb{Z}^k$，定义 $g = \gcd(c_1, \cdots, c_k)$，$\boldsymbol{t} = \sum_{i=1}^{k} c_i \boldsymbol{t}_i$。假设 $\sigma > \|\boldsymbol{c}\|\eta_\epsilon(\Lambda)$ 对某 ϵ 成立，其中 $\eta_\epsilon(\Lambda)$ 为格 Λ 的光滑参数，则 $\boldsymbol{z} = \sum_{i=1}^{k} c_i \boldsymbol{x}_i$ 统计接近 $D_{\boldsymbol{t}+g\Lambda,\|\boldsymbol{c}\|\sigma}$。

该引理说明离散高斯分布的线性组合依然服从离散高斯分布。不仅如此，组合函数的高斯分布仅仅依赖于 $(g, \boldsymbol{c}, \boldsymbol{t}, \Lambda)$。

定理 6.2　假设 Gentry 的对偶加密方案是语义安全的，LWE 问题在本方案所取参数下是困难的，则本节设计的 IBE 方案满足标准模型下的 IND-aID-CPA 安全性。

证明：　我们使用如下四个 Game 来证明方案的安全性是基于 LWE 问题的困难性。其中第一个 Game 是标准的 IND-aID-CPA 定义中的 Game。而最后一个 Game 被任何敌手看来都是完全随机的。我们证明在 LWE 问题的困难性假设下，给定的四个 Game 对任何 PPT 的区分器而言是不可区分的。从而，任何敌手在标准 IND-aID-CPA Game 的优势是可忽略的。

Game 1：该 Game 是标准的 IND-aID-CPA Game。

Game 2：该 Game 将 Game 1 中的公钥向量 $\boldsymbol{c}_i, i=0,1,\cdots,l$, 的生成修订为如下方式。

Step 1：挑战者首先依照高斯分布 $D_{s/(l+1),o}$ 生成 $l+1$ 个向量 $\boldsymbol{v}_i$。

Step 2：挑战者计算 $\boldsymbol{A}\boldsymbol{v}_i(\bmod q)=\boldsymbol{c}_i$。

Step 3：验证 $\boldsymbol{c}_i$ 线性无关，否则返回 step 1。

Game 2 的其他部分与 Game 1 一致。

Game 3：该 Game 与 Game 2 一致，除了矩阵 $\boldsymbol{A}$ 是随机均匀选择的。

Game 4：该 Game 与 Game 3 一致，除了挑战密文被取代为相同长度的随机数组。

以下结论说明以上 Game 分别是不可区分的。

结论 1：Game 1 和 Game 2 不可区分。

证明：　因为 $s/(l+1)=c\omega(\log n)\geqslant\eta_\varepsilon(\Lambda_q^\perp(\boldsymbol{A}))$，而 $\boldsymbol{v}_i$ 是依照 $D_{s/(l+1),o}$ 分布抽取的，所以 $\boldsymbol{A}\boldsymbol{v}_i(\bmod q)=\boldsymbol{c}_i$ 的分布与均匀分布的统计距离不超过 2ε。结论 1 得证。□

结论 2：Game 2 和 Game 3 是不可区分的。

证明：　为了证明结论 2，我们只要证明挑战者在 Game 3 中依然可以如 Game 2 中一样模拟完成提取询问。在 Game 3 中，挑战者计算

$$\boldsymbol{v}_0+\sum_{i=1}^{l}\mathrm{id}_i\boldsymbol{v}_i$$

对关于身份 $\mathrm{id}=(\mathrm{id}_1,\mathrm{id}_2,\cdots,\mathrm{id}_l)\in\{0,1\}^l$ 的密钥提取询问的回答，因为所有的 $\boldsymbol{v}_i, i=0,1,\cdots,l$，都服从 $D_{s/(l+1),o}$ 分布，则 $\boldsymbol{v}_0+\sum_{i=1}^{l}\mathrm{id}_i\boldsymbol{v}_i$ 服从的分布统计接近 $D_{s\sum_{i=1}^{l}\mathrm{id}_i/(l+1),o}$。另外，

$$\left\|\boldsymbol{v}_0+\sum_{i=1}^{l}\mathrm{id}_i\boldsymbol{v}_i\right\|\leqslant\left(1+\sum_{i=1}^{l}\mathrm{id}_i\right)s\sqrt{m}/(l+1)$$

因此，对敌手而言，向量 $\boldsymbol{v}_0+\sum_{i=1}^{l}\mathrm{id}_i\boldsymbol{v}_i$ 与身份 $\mathrm{id}=(\mathrm{id}_1,\mathrm{id}_2,\cdots,\mathrm{id}_l)\in\{0,1\}^l$ 的真正私钥是不可区分的。结论得证。 □

结论 3：Game 3 和 Game 4 是不可区分的。

证明：假如存在敌手能够以不可忽略的概率区分 Game 3 和 Game 4，则我们可以构造一个挑战者接近判定型 LWE 问题。假设挑战者收到一个 LWE 实例 $(\boldsymbol{A}\in\mathbb{Z}_q^{n\times m},\boldsymbol{y}\in\mathbb{Z}_q^m)$，挑战者希望确定 $(\boldsymbol{A},\boldsymbol{y})$ 是一个 LWE 实例或者是一个随机实例。

挑战者与敌手执行如下游戏。

（1）Setup。挑战者选择 $l+1$ 个短向量 $\boldsymbol{v}_i$ 服从高斯分布 $D_{s/(l+1),o}$，并计算 $l+1$ 线性独立向量 $\boldsymbol{A}\boldsymbol{v}_i(\bmod q)=\boldsymbol{c}_i$。族公钥为 $(\boldsymbol{A},\boldsymbol{c}_0,\cdots,\boldsymbol{c}_l)$。

（2）Extract 1。敌手适应性地询问身份 $\{\mathrm{ID}_1,\cdots,\mathrm{ID}_\lambda\}$ 的私钥。给定身份 $\mathrm{ID}_i=(\mathrm{id}_{i1},\cdots,\mathrm{id}_{il})$，挑战者计算

$$\boldsymbol{v}_0+\sum_{j=1}^{l}\mathrm{id}_{ij}\boldsymbol{v}_j$$

作为身份 ID_i 的公钥。

（3）Challenge。当敌手决定结束第一阶段的提取询问时，随机选择两个消息 $M_0,M_1\in\{0,1\}$。敌手选择一个挑战身份 $\mathrm{ID}^*=(\mathrm{id}_1^*,\cdots,\mathrm{id}_l^*)\neq\mathrm{ID}_i$，$i=1,2,\cdots,\lambda$，作为攻击目标。

挑战者选择一个随机比特 $b \in \{0,1\}$，计算挑战密文

$$\left(\boldsymbol{y}, \left(\boldsymbol{v}_0 + \sum_{i=1}^{l} \mathrm{id}_i \boldsymbol{v}_i\right)^{\mathrm{T}} \boldsymbol{y} + x + b\lfloor q/2 \rfloor\right)$$

其中 x 服从 $\varPhi_\alpha$ 分布。

（4）Extract queries 2。敌手继续适应性地对 $\mathrm{ID} \neq \mathrm{ID}^*$ 的身份询问其对应私钥，挑战者则如第一阶段的密钥提取询问一样，对这些询问做出应答。

（5）猜测。最后，敌手完成对 Game 3 或者 Game 4 的猜测。假如敌手认为在执行 Game 3，则挑战者确定 $(\boldsymbol{A}, \boldsymbol{y})$ 是一个 LWE 实例；若不然，$(\boldsymbol{A}, \boldsymbol{y})$ 是随机均匀的。

（6）分析。显然，假如 $(\boldsymbol{A}, \boldsymbol{y})$ 是随机的，挑战密文 $\left(\boldsymbol{y}, (\boldsymbol{v}_0 + \sum\limits_{i=1}^{l} \mathrm{id}_i \boldsymbol{v}_i)^{\mathrm{T}} \boldsymbol{y} + x + b\lfloor q/2 \rfloor\right)$ 是随机的。假如 $(\boldsymbol{A}, \boldsymbol{y})$ 是一个 LWE 问题实例，则模拟密文为“真实”的:

$$\left(\boldsymbol{y}, \left(\boldsymbol{v}_0 + \sum_{i=1}^{l} \mathrm{id}_i \boldsymbol{v}_i\right)^{\mathrm{T}} \boldsymbol{p} + x + b\lfloor q/2 \rfloor\right)$$

事实上，

$$\left(\boldsymbol{v}_0 + \sum_{i=1}^{l} \mathrm{id}_i \boldsymbol{v}_i\right)^{\mathrm{T}} \boldsymbol{y} + x + b\lfloor q/2 \rfloor - \left(\boldsymbol{v}_0 + \sum_{i=1}^{l} \mathrm{id}_i \boldsymbol{v}_i\right)^{\mathrm{T}} \boldsymbol{y} = x + b\lfloor q/2 \rfloor$$

从而，假如敌手能够以优势 ε 区分 Game 3 和 Game 4，则挑战者 $\mathcal{C}$ 能够以相同的优势区分 LWE 问题实例和相应的随机实例。 □

将以上四个结论联立可知，任何 PPT 敌手赢得标准 IND-aID-CPA 游戏的优势是可忽略的。从而定理得证。 □

3. 效率分析

将本节方案与已有的格基 (H)IBE 方案比较，得到表 6.3。在表 6.3 中，参数 d 为分级深度，而 l 是身份信息的长度。因为本节提出的方案不是分级的，我们令已有的 HIBE 中 $d = 1$。为了便于比较，假设所有方案选取相同的安全参数 n，则由表 6.3 知，本节所提方案的公钥尺寸短于已有的格基 IBE 方案。

表 6.3 效率比较

方案	公钥长度	分级性	安全性
文献 [41]	$(l+2)mn\log q$	yes	IND-aID-CPA
文献 [42]	$2dm^2+(mn+n)\log q$	yes	IND-sID-CPA
文献 [117]	$(2lmn+n)\log q$	no	IND-sID-CPA
文献 [45]	$[(2\lambda d+1)mn+n]\log q$	yes	IND-aID-CPA
本节方案	$(mn+(l+1)n)\log q$	no	IND-aID-CPA

6.5 本 章 小 结

本章关注格基 IBE 方案的设计，我们的关注点有两个: 效率提升和全安全性实现。首先通过一个公钥赋值算法，实现平均两个身份比特赋值一个公开矩阵，从而大幅压缩了标准模型下安全的 HIBE 方案的公钥尺寸。进一步的，为了实现格上 IBE 方案的适应性选择身份安全性，同时为了提升 IBE 方案的空间效率，6.4 节立足规避格基代理技术实现标准模型下 IBE 方案的设计，我们将一种基于向量的数据编码技术引入 IBE 方案设计，通过一组公开向量实现身份信息的编码，并将编码结果嵌入格基密码方案，从而成功实现标准模型下安全证明环节的密钥提取模拟。因此，本书设计的方案实现了公钥尺寸的大幅缩减。不仅如此，该方案实现了适应性选择身份选择明文攻击下的安全性。

参考文献

[1] Shor P W. Polynomial-time Algorithm for Prime Factorizeation and Discrete Logarithm on a Quantum Computer[J]. SIAM Journal on Computing, 1997, 26(5): 1484-1509.

[2] Chao Song, Kai Xu, et al. Generation of Multicomponent Atomic Schrodinger Cat States of Up to 20 Qubits[J]. Science, 2019, 365(6453): 570-574.

[3] Bernstein D J, Buchmann J, Dahmen E. Post-quantum Cryptography[C]. LNCS 5299, 2008: 1-14.

[4] Merkle R. A Certified Digital Signature[C]. In Proceedings of Crypto 1989, LNCS 435, Springer-Verlag, 1989: 218-238.

[5] Merkle R. A Digital Signature Based on Conventional Encryption Function[C]. In Proceedings of Crypto 1987, LNCS 1987, Springer-Verlag, 1987: 360-378.

[6] McElice R J. A public-key Cryptosystem Based on Algebraic Coding Theory[C]. DSN Prog. Rep. Jet Prop. Lab. Calofornia Inst. 1978, pp. 114-116.

[7] Wang Xinmei. Digital Signature Scheme Based on Error-correcting Codes[J]. Electronics Letters, 1990, 26(13): 898-899.

[8] Hoffstein J, Pipher J, Silverman J H. NTRU: A New High Speed Public Key Cryptosystem[C]. In Proceedings of the Algorithm Number Theory (ANTS III). LNCS 1423, Springer-Verlag, 1998: 267-288.

[9] Matsumoto, Tsutomu, Hideki I. Public Quadratic Polynomial-tuples for Efficient Signature Verification and Message Encryption[C]. In Proceedings of Eurocrypt'88, LNCS 330, Springer-Verlag, 1988: 419-453.

[10] Lenstra A K, Lenstra H W, Lovasz L. Factoring Polynomials with Rational Coefficients[J]. Mathematische Ann., 1982, 261: 513-534.

[11] Ajtai M. Generating Hard Instances of the Short Basis Problem[C]. In Proceeding of ICALP

1999, 1999: 1-9.

[12] Goldreich O, Goldwasser S, Halevi S. Public-key Cryptosystems from Lattice Reduction Problems[C]. In Proceedings of Crypto 1997, LNCS 1294, Springer-Verlag, 1997: 112-131.

[13] Gentry C, Szydlo M. Cryptanalysis of the Revised NTRU Signature Scheme[C]. In Proceedings of Eurocrypt'02. LNCS 2332, Springer-Verlag, 2002: 299-320.

[14] Nguyen P Q, Oded R. Learning a Parallelepiped : Cryptanalysis of GGH and NTRU Signatures[C]. In Proceedings of Eurocrypt'06. LNCS 4004, Springer-Verlag, 2006: 215-233.

[15] Lyubashevsky V, Palacio A, Segev G. Public-Key Cryptographic Primitives Provably as Secure as Subset Sum[C]. In Proceedings of TCC 2010, LNCS 5978, Springer-Verlag, 2010: 382-400.

[16] Yu-pu Hu, Bang-cang Wang, Wen-cai He. NTRUSign with a New Perturbation[J]. IEEE Transactions on Information Theory, 2008, 54(7): 3216-3221.

[17] Lyubashevsky V. Lattice-Based Identification Schemes Secure Under Active Attacks[C]. In Proceedings of PKC 2008, LNCS 4939, Springer-Verlag, 2008: 162-179.

[18] Lyubashevsky V. Fiat-Shamir with Aborts Applications to Lattice and Factoring-based Signatures[C]. In Proceedings of Asiacrypt 2009, LNCS 5912, Springer-Verlag, 2009: 598-616.

[19] Lyubashevsky V, Peikert C, Regev O. On Ideal Lattices and Learning with Errors over Rings[C]. In Proceedings of Eurocrypt 2010, LNCS 6110, Springer-Verlag, 2010: 1-23.

[20] Stehle D, Steinfeld R. Faster Fully Homomorphic Encryption[C]. In Proceedings of Eurocrypt'10, LNCS 6110, Springer-Verlag, 2010: 377-394.

[21] Stehle D, Steinfeld, Tanaka K, Xagawa K. Efficient Public Key Encryption Based on Ideal Lattices[C]. In Proceedings of Asiacrypt 2009. LNCS 5912, Springer-Verlag, 2009: 617-635.

[22] Boyen X. Lattice Mixing and Vanishing Trapdoors A Framework for Fully Secure Short Signatures and More[C]. In Proceedings of PKC 10, LNCS 6056, Springer-Verlag, 2010: 499-517.

[23] Peikert C, Vaikuntanathan V. Noninteractive Statistical Zero-knowledge Proofs from Lat-

tice[C]. In Proceedings of Crypto 2008, LNCS 5157, Springer-Verlag, 2008: 536-553.

[24] Ajtai M. The Shortest Vector Problem in $l2$ is NP-hard for Randomized Reduction[C]. In Proceedings of STOC 1998, ACM, 1998: 10-19.

[25] Boas P E. Another NP-complete Problem and Complexity of Computing Short Vectors in Lattice[R]. Technical Report 8104, University of Amsterdam, Nitherlands.

[26] Regev O. On Lattice, Learning with Errors, Random Linear Codes, and Cryptography[C]. In Proceedings of STOC, ACM, 2005: 84-93.

[27] Peikert C. Public-key Cryptosystems from the Worst-Case Shortest Vector Problem[C]. In Proceedings of Proceedings of STOC 2009, ACM, 2009: 333-342.

[28] Gordon S D, Katz J, Vaikuntanathan V. A Group Signature Scheme from Lattice Assumptions[C]. In Proceedings of Asiacrypt 2010, LNCS 6477, Springer-Verlag, 2010: 395-412.

[29] Gentry C, Halevi S, Vaikuntanathan V. A Simple BGN-type Cryptosystem from LWE[C]. In Proceedings of Eurocrypt'10, LNCS 6110, Springer-Verlag, 2010: 506-522.

[30] Goldwasser S, Kalai Y, Peikert C, Vaikuntanathan V. Robustness of the Learning with Errors Assumption[C]. In Proceedings of ICS 2010, Springer-Verlag, 2010: 230-240.

[31] Dodis Y, Goldwasser S, Kalai Y T, et al. Public-Key Encryption Schemes with Auxiliary Inputs[C]. In Proceedings of TCC 2010, LNCS 5978, Springer-Verlag, 2010: 361-381.

[32] Micciancio D, Regev O. Worst-case to Average-case Reductions Based on Gaussian Measures[C]. SIAM J. Comput, 2007 37(1): 267-302.

[33] Brakerski Z, Vaikuntanathan V. Efficient Fully Homomorphic Encryption from (standard) LWE[C]. In Proceedings of FOCS 2011, 2011: 97-106.

[34] Brakerski Z, Vaikuntanathan V. Fully Homomorphic Encryption from Ring-LWE and Security for Key Dependent Messages[C]. In Proceedings of CRYPTO'2011, Springer-Verlag, 2011: 505-524.

[35] Dijk M V, Gentry C, Halevi S, et al. Fully Homomorphic Encryption over the Integers[C]. In Proceedings of Asiacrypt'10, Springer-Verlag, 2010: 24-43.

[36] Gentry C. Fully Homomorphic Encryption Using Ideal Lattices[C]. In Proceeding of

STOC'09, ACM, 2009: 169-178.

[37] Gentry C, Halevi S, Vaikuntanathan V. i-Hop Homomorphic Encryption and Rerandomizable Yao Circuits[C]. In Proceedings of CRYPTO 2010, LNCS 6223, Springer-Verlag, 2010: 155-172.

[38] Gentry C, Peikert C, Vaikuntanathan V. Trapdoors for Hard Lattices and New Cryptographic Constructions[C]. In Proceedings of STOC , ACM, 2008: 197-206.

[39] Alwen J, Peikert C. Generating Shorter Bases for Hard Random Lattices[C]. In Proceeding of STACS'09, Springer-Verlag, 2009: 75-86.

[40] Banaszczyk W. New Bounds in Some Transference Theorems in Geometry of Number[J]. Mathematische Annalen, 1993, 296(4): 625-635.

[41] Agrawal S, Boneh D, Boyen X. Efficient Lattice (H)IBE in the Standard Model[C]. In Proceedings of Eurocrypt 2010, LNCS 6110, Springer-Verlag, 2010: 553-572.

[42] Agrawal S, Boneh D, Boyen X. Lattice Basis Delegation in Fixed Dimension and Shorter-ciphtertext Hierarchical IBE[C]. In Proceedings of Crypto 2010, LNCS 6223, Springer-Verlag, 2010: 98-115.

[43] Boneh D, Freeman D M. Linearly Homomorphic Signatures over Binary Fields and New Tools for Lattice-Based Signatures[C]. In Proceedings of PKC 2011, LNCS 6571, Springer-Verlag, 2011: 1-16.

[44] Boneh D, Freeman D M. Homomorphic Signatures for Polynomial Functions[C]. In Eurocrypt 2011, LNCS 6632, Springer-Verlag, 2011: 149-168.

[45] Cash D, et al. Bonsai Trees, or How to Delegate a Lattice Basis[C]. In Proceedings of Eurocrypt 2010, LNCS 6110, Springer-Verlag, 2010: 523-552.

[46] Peikert C, Rosen A. Efficient Collision-resistant Hashing from Worst-case Assuptions on Cyclic Lattice[C]. In Proceedings of TCC 2006, Springer-Verlag, 2006: 145-166.

[47] Peikert C. An Efficient and Parallel Gaussian Sampler for Lattices[C]. In Proceeding of Crypto 2010, LNCS 6110, Springer-Verlag, 2010: 80-97.

[48] Lyubashevsky V, Micciancio D. Asymptotically Efficient Lattice-Based Digital Signa-

tures[C]. In Proceedings of TCC'08, LNCS 4948, Springer-Verlag, 2008: 37-54.

[49] Shoup V. Number theory library 5.5.2 for C++[OL]. http://www. Shoup.net/ntl.

[50] Shamir A. Identity-based Cryptosystems and Signature Schemes[C]. In Proceedings of Crypto 1984, Springer-Verlag, 1984: 47-53.

[51] Boneh D, Franklin M K. Identity-based Encryption from the Weil Pairing[C]. In Proceedings of Crypto 2001, LNCS 2139, Springer-Verlag, 2001: 213-229.

[52] Cocks C. An identity Based Encryption Scheme Based on Quadratic Residuces[C]. In Proceedings of IMA Int. Conf, 2001: 360-363.

[53] Waters B. Efficient Identity-based Encryption Without Random Oracles[C]. In Proceedings of Eurocrypt 2005, LNCS 3494, Springer-Verlag, 2005: 114-127.

[54] Boneh D, Boyen X. Secure Identity Based Encryption without Random Oracles[C]. In Proceedings of Crypto 2004, LNCS 3152, Springer-Verlag, 2004: 443-459.

[55] Boneh D, Boyen X. Efficient Selective-ID Secure Identity Based Encryption Without Random Oracles[C]. In Proceedings of Eurocrypt 2004, LNCS 3027, Springer-Verlag, 2004: 223-238.

[56] Paterson K, Schuldt J. Efficient Identity-based Signature Secure in the Standard Model[C]. In Proceedings of ACISP 2006, LNCS 4058, Springer-Verlag, 2006: 207-222.

[57] Yi X. An identity-based Signature Scheme from the Weil Pairing[J]. IEEE Communication Letters, 2003, 7(2): 76-78.

[58] Cha J C, Cheon J H. An Identity-based Signature from Gap Diffie-Hellman Groups[C]. In Proceedings of PKC 2003, LNCS 2567, Springer-Verlag, 2003: 18-30.

[59] Lyubashevsky V. Lattice Signatures Without Trapdoors[OL], http://eprint.iacr.org/2011/537.

[60] Ajtai M. Generating Hard Instances of Lattice Problems[J]. Quaderni di Matematica, 2004, 13: 1-32.

[61] Ruckert M. Strongly Ungorgeable Signatures and Hierarchical Identity-based Signatures from Lattices without Random Oracles[C]. In Proceeding of Post-Quantum Cryptography

2010, LNCS 6061, Springer-Verlag, 2010: 182-200.

[62] Rivest R, Shamir A, Tauman Y. How to Leak a Secret. In Proceeding of AsiaCrypt 2001, LNCS 2248, Springer-Verlag, 2001: 552-565.

[63] Zhang Fang-guo, Kim K. ID-based Blind Signature and Ring Signature from Pairings[C]. In Proceedings of Asiacrypt 2002, LNCS 2501, Springer-Verlag, 2002: 533-547.

[64] Chow S M, Yiu, S, Hui L C K. Efficient Identity Based Ring Signature[C]. In Proceeding of ACNS 2005, LNCS 3531, Springer-Verlag, 2005: 499-512.

[65] Herranz J, Saez G. New Identity-based Ring Signature Schemes[C]. In Proceedings of ICICS 2004, LNCS 3269, Springer-Verlag, 2004: 27-39.

[66] Dodis Y, Kiayias A, Nicolosi A, et al. Anonymous Identification in Ad Hoc Groups[C]. In Proceedings of Eurocrypt'2004, LNCS, 3027, Springer-Verlag, 2004: 609-626.

[67] Wei Gao, Wang Gui-lin, Wang Xue-li, et al. Controllable Ring Signatures[C]. In Proceedings of WISA 2006, LNCS, 4298, Springer-Verlag, 2006: 1-14.

[68] Li Jin, Chen Xiao-feng, Yuen Tsz-hon, et al. Proxy Ring Signature: Formal Definitions, Efficient Construction and New Variant[C]. In Proceedings of CIS2006, LNAI, 4456, 2007: 545-555.

[69] 鲍皖苏, 隗云, 钟普查. 原始签名人匿名的代理环签名研究 [J]. 电子与信息学报, 2009, 31(10): 2392-2396.

[70] Cayrel P L, Lindner R, Ruckert M, et al. A Lattice-based Threshhold Ring Signature Scheme[C]. In Proceedings of Latincrypt 2010, LNCS 6212, Springer-Verlag, 2010: 255-272.

[71] Jakobsson M, et al. Designated Verifier Proofs and Their Applications[C]. In Proceedings 15th Annual International Conference on the Theory and Applications of Cryptographic Techniques, LNCS 1070, Springer-Verlag, 1996: 143-154.

[72] Li Y, Susilo W, Mu Y, et al. Designated Verifier Signature: Definition, Framework and New Constructions[C]. In Proceedings of UIC, 2007: 1191-1200.

[73] Saeednia S, Kremer S, Markowitch O. An Efficient Strong Designated Verifier Signature Scheme[C]. In Proceedings of Information Security and Cryptology, LNCS 2587, Springer-

Verlag, 2003: 40-54.

[74] Kancharla P K, Gummadidala S, Saxena A. Identity Based Strong Designated Verifier Signature Scheme[J]. Informatica, 2007, 18(5): 239-252.

[75] Raylin T, Okamoto T, Okamoto E. Practical Strong Designated Verifier Signature Schemes Based on Double Discrete Logarithms[C]. In Proceedings of Information Security and Cryptology, LNCS 3506, Springer-Verlag, 2005: 113-127.

[76] Wu L, Li D X. Strong designated Verifier ID-based Ring Signature Scheme[C]. In Proceedings of International Symposium on Information Science and Engineering, IEEE, 2008: 294-298.

[77] Boneh D, Gentry C, Lynn B. Aggregate and Verifiably Encrypted Signatures from Bilinear Maps[C]. In Proceeding of EUROCRYPT 2003, LNCS 2656, Springer-Verlag, 2003: 416-432.

[78] Anderson B B, et al. Standards and Verification for Fair-exchange and Tomicity in E-commerce Transactions[J]. Information Sciences , 2006, 176(8): 1045-1066.

[79] Camenisch J, Damgard I B. Verifiable Encryption, Group encryption, and Their Applications to Group Signatures and Signature Sharing Schemes[C]. In Proceeding of Asiacrypt' 2000, LNCS 2501, Springer-Verlag, 2000: 331-345.

[80] Wan K, Sun H, Yang J, et al. E-money Impact Analysis based on Simulation Approach[J]. Journal of Computational Information Systems, 2009, 5(2): 795-803.

[81] Liu Y, Cao J, Cheng C. A Fair E-lottery Scheme Based on Interpolated Polynomial over Fp[J]. Journal of Information and Computational Science, 2010, 7(11): 2312-2317.

[82] Zhang F, Safavi N R, Susilo W. Efficient Verifiably Encrypted Signature and Partially Blind Signature from Bilinear Pairings[C]. In Proceeding of INDOCRYPT 2003, LNCS 2904, Springer-Verlag, 2003: 191-204.

[83] Zhang J, Liu C, Yang Y. An Efficient Secure Proxy Verifiably Encrypted Signature Scheme[J]. Journal of Network and Computer Applications, 2010, 33: 29-34.

[84] Shao Z. Certificate-based Verifiably Encrypted Signatures from Pairings[C]. Information Sciences, 2008, 178: 2360-2373.

[85] Zhang L, Wu Q, Qin B. Identity-Based Verifiably Encrypted Signatures without Random Oracles[C]. In Proceeding of ProvSec 2009, LNCS 5848, Springer-Verlag, 2009: 76-89.

[86] Ruckert M. Verifiably Encrypted Signatures from RSA without NIZKs[C]. In: In Proceeding of INDOCRYPT 2009, LNCS 5922, Springer-Verlag, 2009: 363-377.

[87] Ruckert M, Schneider M, Schroder D. Generic Constructions for Verifiably Encrypted Signatures Without Random Oracles or NIZKs[OL]. http://eprint.iacr.org/2010/200.

[88] Ruckert M, Schroder D. Security of Verifiably Encrypted Signatures and a Construction Without Random Oracles[C]. In Proceeding of Pairing'09, LNCS 5671, Springer-Verlag, 2009:17-34.

[89] Johnson R, Molnar D, Song D, Wagner D. Homomorphic Signature Schemes[C]. In Proceedings of CT-RSA, 2002, LNCS 2271, Springer-Verlag, 2002: 244-262.

[90] Gennaro R, Katz J, Rabin T. Secure Network Coding over the Integers[C]. In Proceedings of PKC'10, LNCS 6056, Springer-Verlag, 2010: 142-160.

[91] Boneh D, Freeman D M, Katz J, et al. Singing a Linear Subspace: Signature Schemes for Network Coding[C]. In Proceedings of PKC'09, LNCS 5443, Springer-Verlag, 2009: 68-87.

[92] Chen W, Lei H, Qi K. Lattice-based Linearly Homomorphic Signatures in the Standard Model[C]. Theoretical Computer Science, 2016, 634: 47-54.

[93] Chaum D. Blind Signatures for Untraceable Payments[C]. Crypto 1982, Springer-Verlag, 1983: 199-203.

[94] Camenisch J, Koprowski M, Warinschi B. Effcient Blind Signatures Without Random Oracles[C]. Security in Communication Networks, Springer-Verlag, 2004: 134-148.

[95] Okamoto T. Efficient Blind and Partially Blind Signatures Without Random Oracles[C]. In Proceedings of TCC 2006, LNCS 3876, Springer-Verlag, 2006: 80-99.

[96] Bresson E, Monnerat J, Vergnaud D. Separation Results on the One-More Computational Problems[C]. In Proceeding of RSA Conference (CT-RSA) 2008, LNCS 4964, Springer-Verlag, 2008: 71-87.

[97] Ruckert M. Lattice-based Blind Signatures[C]. In Proceedings of Asiacrypt 2010, LNCS

6477, Springer-Verlag, 2010: 413-430.

[98] Peikert C, Waters B. Lossy trapdoor function and its application[C]. In Proceedings of STOC 2008, ACM, 2008: 187-196.

[99] Naor M, Yung M. Public-key Cryptosystems Provably Secure Against Chosen Ciphertext Attacks[C]. In Proceedings of STOC 1990, ACM, 1990: 427-437.

[100] Zheng Y L. Digital Signcryption or How to Achieve Cost(signature and encryption) <<Cost(signature) + Cost(encryption) [C]. In Proceedings of Crypto'97, LNCS 1294, Springer-Verlag, 1997: 165-179.

[101] Boyen X. Multipurpose Identity-Based Signcryption[C]. In Proceedings of CRYPTO '03, LNCS 2729, Springer-Verlag, 2003: 383-399.

[102] Libert B, Quisquater J J. Efficient Signcryption with Key Privacy from Gap Diffie- Hellman Groups[C]. In Proceedings of Public Key Cryptography, 2004, LNCS 2947, Springer-Verlag, 2004: 187-200.

[103] Libert B, Quisquater J J. Improved Signcryption from q-Diffie-Hellman Problems[C]. In International Conference on Security in Communication Networks, SCN'04, LNCS 3352, volume 4, 2004: 220-234.

[104] John M L, Mao W B. Two Birds One Stone: Signcryption Using RSA[C]. In Topics in Cryptology CT-RSA 2003, LNCS 2612, Springer-Verlag, 2003: 211-225.

[105] Li F, Shirase M, Takagi T, Certificateless Hybrid Signcryption[C]. In Proceedings of ISPEC 2009, LNCS 5451, Springer-Verlag, 2009: 112-123.

[106] Dent A W. Hybrid Signcryption Schemes with Insider Security[C]. In Proceeding of Information Security and Privacy - ACISP 2005, LNCS 3574, 2005: 253-266.

[107] Dent A W. Hybrid Signcryption Schemes with Outsider Security[C]. In Proceedings of ISC 2005, LNCS 3650, Springer-Verlag, 2005: 203-217.

[108] Bjostad T E, Dent A W. Building Better Signcryption Schemes with Tag-KEMs[C]. In Proceedings of PKC 2006, LNCS 3958, Springer-Verlag, 2006: 491-507.

[109] Gentry C, Halevi S. Hierarchical Identity Based Encryption with Polynomially Many Lev-

els[C]. In Proceedings of Theory of Cryptography(TCC) 2009, LNCS 5444, Springer-Verlag, 2009: 437-456.

[110] Boyen X, Waters B. Anonymous Hierarchical Identity-based Encryption (Without Random Oracles) [C]. In Proceedings of the Crypto 2006, LNCS 4117, 2006: 290-307.

[111] Boneh D, Boyen X, Goh E J. Hierarchical Identity Based Encryption with Constant Size Ciphertext[C]. In Proceedings of the Eurocrypt 2005, LNCS 3494, Springer-Verlag, 2005: 440-456.

[112] Waters B. Dual Key Encryption: Realizing Fully Secure IBE and HIBE under Simple Assumption[C]. In Proceedings of Crypto 2009, LNCS 5677, Springer-Verlag, 2009: 619-636.

[113] Singh K, Pandurangan C, Banerjee A K. Adaptively secure efficient lattice (H)IBE in Standard Model with Short Public Parameters[C]. In Proceedings of SPACE 2012, LNCS 7644, Springer-Verlag, 2012: 153-172.

[114] Singh K, Pandurangan C, Banerjee A K. Efficient Lattice HIBE in the Standard model with Shorter public Parameters[C]. In Proceedings of ICT, Springer-Verlag, 2014: 542-553.

[115] Agrawal S, Boyen X, Vaikunthanathan V, et al. Functional Encryption for Threshold Functions (or, fuzzy ibe) from Lattices[C]. In Public Key Cryptography PKC 2012, LNCS 7293, Springer-Verlag, 2012: 280-297.

[116] Wang Fenghe, Wang Chunxiao, Liu Zhenhua. Efficient Hierarchical Identity Based Encryption Scheme in the Standard Model over Lattices[J]. Frontiers of Information Technology and Electronic Engineering, 2016, 17(8): 781-791.

[117] Wang Fenghe, Liu Zhenhua. Short and Provable Secure Lattice-based Signature Scheme in the Standard Model[J]. Security and Communication Networks, 2016, 9(16): 3627-3632.

[118] Wang Fenghe, Liu Zhenhua, Wang Chunxiao. Full Secure Identity-based Encryption Scheme with Short Public Key Size over Lattices in the Standard Model[J]. International Journal of Computer Mathematics, 2015, 93(6): 1-10.

[119] Wang Fenghe, Hu Yupu. Efficient Chosen-ciphtertext Secure Public Key Encryption Scheme from Lattice Assumption[J]. Applied Mathematics and Information Science, 201, 8(2): 633-

638.

[120] Wang Fenghe, Wang Chunxiao. Identity-based Signature Scheme over Lattices[J]. Applied Mechanics and Materials, 2014, 687-691: 2169-2174.

[121] Wang Fenghe, Hu Yupu,Wang Baocang. Lattice-based Linearly Homomorphic Signature Scheme over Binary Field[J]. Science China Information Science, 2013, 56(11): 112108(1-9).

[122] Wang Fenghe, Hu Yupu, Wang Chunxiao. Post-quantum Secure Hybrid Signcryption from Lattice Assumption[J]. Applied Mathematics and Information Sciences, 2012, 6(1): 23-28.

[123] Wang Fenghe, Hu Yupu, Wang Baocang. Lattice-based Strong Designate Verifier Signature and Its Applications[J]. Malaysian Journal of Computer Science, 2012, 25(1): 11-22.

[124] 王凤和, 胡予濮，贾艳艳. 标准模型下的格基数字签名方案 [J]. 西安电子科技大学学报, 2012, 39(4): 57-61.

[125] Wang Fenghe, Hu Yupu, Wang Chunxiao. A Verifiably Encrypted Signature Scheme from Lattice Assumption[J]. Journal of Information and Computational Science, 2011, 8(8): 1431-1438.

[126] 王凤和, 胡予濮, 王春晓. 格上基于盆景树模型的环签名 [J]. 电子与信息学报, 2010, 32(10): 2400-2403.

[127] 王凤和, 胡予濮，王春晓. 基于格的盲签名方案 [J]. 武汉大学学报: 信息科学版, 2010, 35(5): 550-553.

致 谢

谨以此书献给所有关心和帮助过我的人!

书中介绍的格密码方案多是作者从事格密码研究取得的成果[116−127]。感谢这些期刊为我们的研究成果提供了一个交流和宣传的平台。希望这些方案的设计原理和方法能够对读者有益。书中有些格密码方案略显简单，是作者初次接触格密码时设计的算法，大多是直接基于格密码工具实现的基础设计。作者认为这样的方案对于初次接触格密码的研究者快速了解和掌握格密码的基本方法、基本思路、基本技巧是有帮助的。同时书中也包含了作者后期尝试在格密码设计中将格密码效率提升与功能实现结合起来的设计尝试。作者从事格密码研究过程中得到许多同行的帮助和支持，一并深表感谢。

本书的部分内容是作者在西安电子科技大学攻读博士学位时的成果，感谢母校为我提供的优异科研环境和平台。感谢我的博士生导师胡予濮教授对我的帮助和指导。感谢我的合作研究者对本书部分内容的帮助和贡献，他们是胡予濮教授、王春晓教授、王保仓教授、刘振华教授等。

虽然作者已经努力修订书中错误，但受能力所限，不足和疏漏之处在所难免，对由此为读者带来的不便深表歉意。欢迎读者指出书中出现的问题和不足，以帮助我们改进和完善本书。